MICHEL
CLUIZEL
Yu

Cookies! 手作餅乾指南

The cookie Bible for all, all YU can bake!

呂昇達、游舒涵 Eva　著

It is a real honor and pleasure to write few words about this wonderful book.

Nothing better than a crispy cookie… A small guilty pleasure that you can enjoy anywhere, anytime !

Eva & Edison are sharing with us the foundation and the creativity about cookies.

This book will lead you to a wide variety of cookies that will surely please every single one of you.

Cookies recipes are all about balancing. What kind of flour ? What kind of sugar ? butter and so on will make each of them different !

Eva & Edison are explaining this in details for you to master this subject. The goal is for you to understand the foundation and then be able to recreate new flavors later on !

In addition to providing readers with delicious recipes in this book, they will also explain many fundamental techniques and give expert tips. Anyone who wishes to explore this inspiring topic at home or in a professional setting will find this book invaluable.

Our passion for pastry has no sense if it's not shared ! Thank you both for sharing this with us !

Without a doubt this book will offers limitless possibilities and is a constant source of inspiration for culinary professionals and amateurs worldwide.

Congratulations on this beautiful book.

Très bonne lecture !

Sincerely,

Manuel.

International pastry instructor.

Twins' Creative Lab.

Taipei, TAIWAN.

推薦序 1

很榮幸能為這本美好的書寫序。

沒有什麼比香脆的曲奇餅乾更美好的了......這是一種隨時隨地都能享受的小小的罪惡感！

游舒涵 & 呂昇達老師與我們分享了關於餅乾的基礎和創意，本書將為您介紹各式各樣的餅乾，一定會讓您大飽口福。

餅乾食譜講究「平衡」，使用什麼樣的麵粉？什麼種類的糖？透過老師的詳細講解，讓您掌握這門學問，本書的目標是讓您了解基礎，然後能夠以此為基底，重新創造新的口味。

在本書中，除了為讀者提供美味食譜外，兩位老師還將講解許多基本技巧，並給出專業指示，任何希望在家中或在專業環境中探索這主題的人，都會發現本書的價值。

甜點的熱情在於分享。如果不與大家分享，這都毫無意義了！感謝兩位老師無私的付出，毫無疑問，這本書將為全世界的烘焙職人愛好者提供無限的可能性和源源不絕的靈感。

恭喜兩位老師出版這本美麗的書籍！祝所有讀者們，學習愉快。

—真誠的 曼紐爾 Manuel Bouillet（馬老師）
International pastry instructor. 國際甜點顧問
Twins' Creative Lab. Taipei, TAIWAN

推薦序 2

認識 Eva 是 2017 年我在新加坡的事。第一次碰到她就覺得是位很開朗也很特別的女孩子，打聽下原來是在臺北超紅的 All Yu Can Bake 主理人 Eva，因緣際會下開始一起討論甜點、教學、講習會、國外講座等等......發現她對甜點的熱愛絕對不是只是一般。即使不是本科出身，但憑藉著那一份的努力跟好學，才有如今的成就。在 Eva 發行新書之即，很開心讓我有機會送上推薦與祝福。在這資訊發達的時代，這真的是一本非常值得收藏的甜點書之一。因為這都是 Eva 將所學的經驗分享給各位學員的一本好書。

— 18 度 C 巧克力工房 研發主廚
王家承 Jeffrey

WACHTEL

親愛的讀者們

歡迎來到《Cookies ！手作餅乾指南》的甜點之旅！作為這本書的作者，身為一名擁有二十多年工作經驗的甜點主廚，我深深明白甜點所帶來的愉悅與幸福。這本書的誕生，是我希望將這份喜悅分享給每一位愛好烘焙的你。

很榮幸能夠邀請甜心主廚 Eva 共同編寫本書。

烘焙，是一場充滿樂趣的旅程。

在這個書中，我們分享了多年來在甜點的創作與烘焙之路上所累積的心得與技巧。透過這本指南，希望能夠引導你進入一個充滿美味、創意和愉悅的世界。無論你是初學者還是已經是經驗豐富的烘焙愛好者，這裡都有適合你的篇章。

烘焙的藝術，樂在其中。

烘焙不僅僅是一項技能，更是一門藝術。這裡，你將學到如何挑選最優質的食材，運用基本的烘焙工具，以及如何將簡單的食材轉化為令人垂涎欲滴的甜點佳作。透過專業人士的眼睛，你將看到每一道甜點背後蘊含的故事與熱情。

三十天，從巧手到餅乾大師。

在這三十天的旅程中，老師鼓勵你挑戰自己，嘗試不同的食譜，發揮創意，並感受每一次烘焙的成就感。這不僅僅是學習，更是一場屬於你自己的烘焙冒險。

真誠希望這本書能夠成為你烘焙之路上的指南，帶給你無盡的快樂。感受每一次攪拌的節奏，每一次烤焙的香氣，讓這份喜悅成為你烘焙生活中最美好的一部分。

烘焙巧手，美味將不再是遙不可及。願你享受這段美好的甜蜜之旅。

呂昇達

U can bake
Yu

Hi 親愛的讀者們

當你們把這本書帶回家，靜下心、泡杯茶邊翻開第一頁開始讀這本書時，我知道你們已準備好讓自己的體驗一段美好的烘焙時光了！

我自己人生第一本的烘焙書是包羅萬象什麼品項都有的甜點書，而當時最能給我滿滿成就感的就是餅乾了。

餅乾是甜點的基礎，作法可以很簡單。光單純的麵粉、奶油、雞蛋與糖的不同比例排列組合變化，就足以讓它變的很進階、也很有趣，並充滿挑戰。

這本餅乾食譜書收入了我接觸烘焙至今很經典也很美味的各式餅乾。希望這本書不僅僅只是提供食譜，更是希望可以激發大家創作的想像。

人生第一本書很榮幸的能與呂昇達老師一起編輯。餅乾對我來說是最純粹的、美好的。只要願意，不管是誰都可以在家創造出讓人微笑的好吃餅乾唷。

與你們分享 ♥

游舒涵 Eva

CONTENTS

Topics 2
冰箱小西餅&最中系列

▶

極品高雄十號紅豆粒餅
+ 金桔檸檬餡

Topics 3
壓模餅乾

▼

Topics 4
擠花餅乾

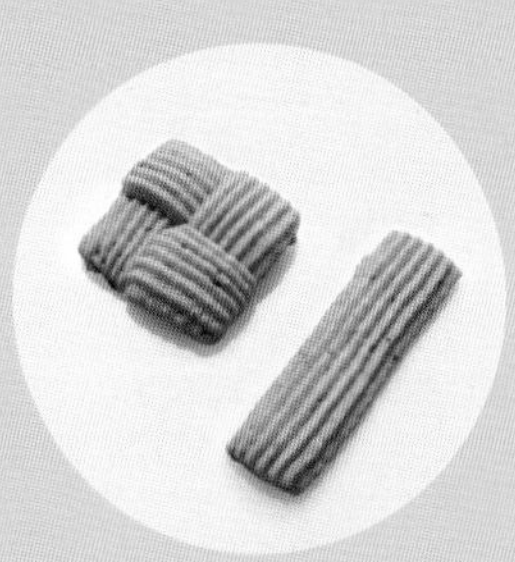

Topics 5
手工餅乾

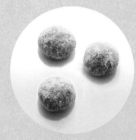

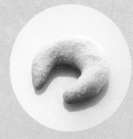

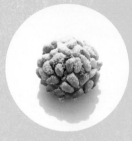

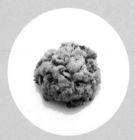

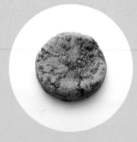

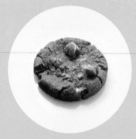

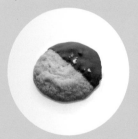

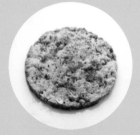

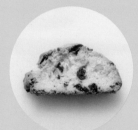

Topics 6
冰切餅乾

Topics 1

經典美式
軟 餅 乾

PRODUCT 1

經典巧克力餅乾

模具　無

數量　40克（11～12片）

材料	公克
無鹽奶油	100
細砂糖	60
二砂糖	60
鹽	1
雞蛋	45
低筋麵粉	130
泡打粉	2
苦甜巧克力豆	60
牛奶巧克力	60

作法

1 無鹽奶油退冰至約 20°C 左右，放入鋼盆中用刮刀壓軟。

2 加入細砂糖、二砂糖、鹽拌勻，拌勻至糖顆粒均勻分布於奶油中，糖不會融化。

3 把雞蛋均勻打散，倒入鋼盆中。

4 拌勻至雞蛋與奶油乳化均勻。

5 下過篩低筋麵粉、過篩泡打粉。

6 刮刀拌勻至看不見粉粒。

7 下苦甜巧克力豆、牛奶巧克力，拌勻至材料均勻分布於奶油糊中。

8 烤盤鋪上烤盤布，用冰淇淋勺挖，間距相等扣在烤盤上，間距要開一點。

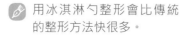

用冰淇淋勺整形會比傳統的整形方法快很多。

9 送入預熱好的烤箱，設定上下火 180° C，烘烤 12 ~ 15 分鐘。

PRODUCT 2

惡魔巧克力餅乾

模具　無

數量　40克（11~12片）

材料	公克
無鹽奶油	100
二砂糖	120
鹽	1
雞蛋	45
低筋麵粉	120
可可粉	10
泡打粉	2
苦甜巧克力豆	60
牛奶巧克力	60
可可碎粒	30

作法

1 無鹽奶油退冰至約 20°C 左右，放入鋼盆中用刮刀壓軟。

2 加入二砂糖、鹽拌勻，刮刀拌勻至糖顆粒均勻分布於奶油中，糖不會融化。

3 下打散的雞蛋液，拌勻至雞蛋與奶油乳化均勻。

4 下過篩低筋麵粉、過篩可可粉、過篩泡打粉。

5 刮刀拌勻至看不見粉粒。

6 可可粉顏色釋出。

7 下苦甜巧克力、牛奶巧克力、可可碎粒，拌勻至材料均勻分布於奶油糊中。

8 烤盤鋪上烤盤布，用冰淇淋勺挖，間距相等扣在烤盤上，間距要開一點。

用冰淇淋勺整形會比傳統的整形方法快很多。

9 送入預熱好的烤箱，設定上下火 180° C，烘烤 12 ~ 15 分鐘。

PRODUCT 3

咖啡核桃巧克力餅乾

模具　無

數量　40克（11～12片）

材料	公克		公克
無鹽奶油	100	雞蛋	45
黑糖	65	低筋麵粉	135
二砂糖	65	泡打粉	2
即溶黑咖啡粉	2	熟核桃	60
鹽	1	牛奶巧克力	60

1 無鹽奶油退冰至約 20°C 左右，放入鋼盆中用刮刀壓軟。

作法

2 加入黑糖、二砂糖、即溶黑咖啡粉、鹽拌勻，刮刀拌勻至糖顆粒均勻分布於奶油中，糖不會融化。

3 把雞蛋均勻打散，倒入鋼盆中。

咖啡口味的產品，如果糖風味太淡，咖啡香氣不容易凸顯。

4 拌勻至雞蛋與奶油乳化均勻。

5 下過篩低筋麵粉、過篩泡打粉、熟核桃、牛奶巧克力。

6 刮刀拌勻至看不見粉粒，顆粒食材均勻分布於奶油糊中。

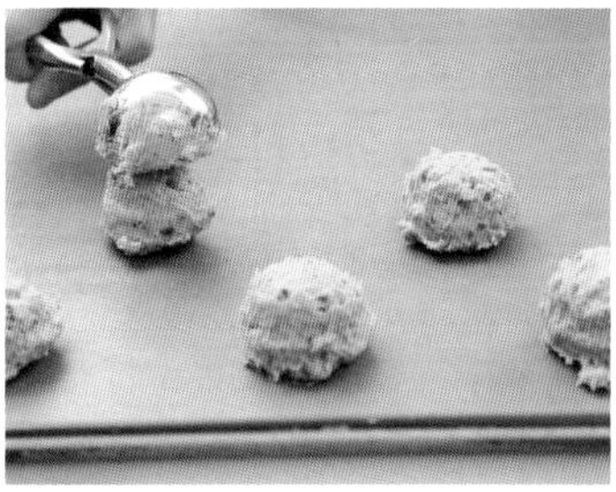

7 烤盤鋪上烤盤布，用冰淇淋勺挖，間距相等扣在烤盤上，間距要開一點。送入預熱好的烤箱，設定上下火 180° C，烘烤 12 ~ 15 分鐘。

用冰淇淋勺整形會比傳統的整形方法快很多。

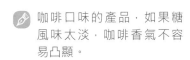

PRODUCT 4

海鹽柑橘厚奶油餅乾

模具 法式塔圈直徑8×高3公分

數量 100克（5片）

材料	公克
無鹽奶油	100
細砂糖	40
二砂糖	40
海鹽	2
雞蛋	35
低筋麵粉	120
泡打粉	2
熟核桃碎	60
蜜漬橘皮丁	60

作法

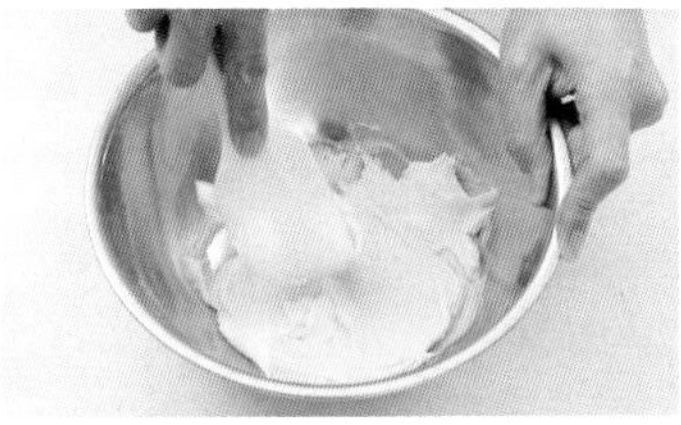

1 無鹽奶油退冰至約 20°C 左右，放入鋼盆中用刮刀壓軟。

2 加入細砂糖、二砂糖、海鹽拌勻，刮刀拌勻至糖顆粒均勻分布於奶油中，糖不會融化。

3 把雞蛋均勻打散，倒入鋼盆中。

4 拌勻至雞蛋與奶油乳化均勻。

5 下過篩低筋麵粉與泡打粉、熟核桃碎、蜜漬橘皮丁，拌勻至看不見粉粒且顆粒食材均勻分布。

6 模具內圈抹無鹽奶油、沾椰子絲（配方外）。

椰子絲也可以替換成杏仁片。

7 烤盤鋪上烤盤布，放上前置好的模具，每個用湯匙舀入 100g，抹平。

8 送入預熱好的烤箱，設定上下火 160° C，烘烤 20 ~ 25 分鐘。

9 戴上手套出爐，把餅乾輕輕脫離模具。

PRODUCT 5

燕麥穀物餅乾

模具 無

數量 30克（17片）

材料	公克
無鹽奶油	100
二砂糖	130
鹽	1
雞蛋	50
低筋麵粉	130
泡打粉	2
椰子粉	30
燕麥穀物片	100

作法

1 無鹽奶油退冰至約 20°C 左右，放入鋼盆中用刮刀壓軟。

2 加入二砂糖、鹽拌勻，刮刀拌勻至糖顆粒均勻分布於奶油中，糖不會融化。

3 把雞蛋均勻打散，倒入鋼盆中。

4 拌勻至雞蛋與奶油乳化均勻。

5 下過篩低筋麵粉、過篩泡打粉、椰子粉、燕麥穀物片。

6 刮刀拌勻至看不見粉粒且顆粒食材均勻分布。

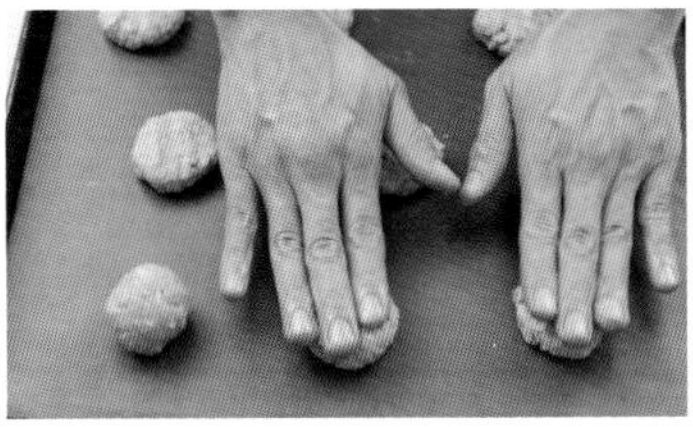

7 烤盤鋪上烤盤布，用手捉分割每個 30g，搓成圓球狀，間距相等排上烤盤，輕輕壓扁。

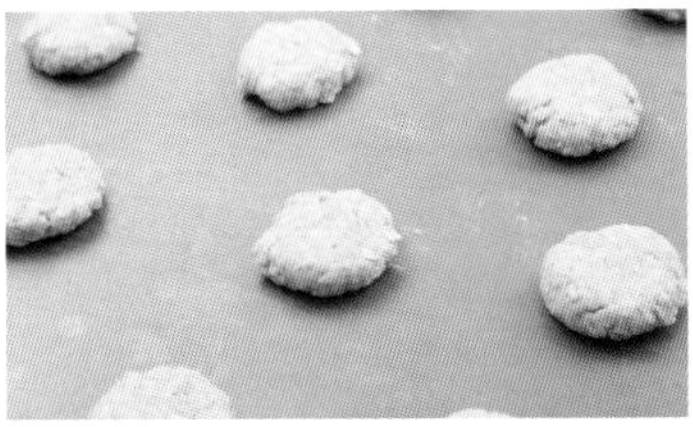

8 燕麥片吸水力強不容易拓開，烘烤前我們輕壓一下輔助它。操作速度要快，手溫會把奶油融掉，會越來越不好操作。

9 送入預熱好的烤箱，設定上下火 180° C，烘烤 12 ~ 15 分鐘。

Topics 2

冰箱小西餅 &最中系列

PRODUCT 6

法式粉紅餅乾

模具&數量

愛心矽膠模（1顆5克）共擠35顆

剩餘擠小可麗露模4顆

材料	公克
無鹽奶油	100
純糖粉	55
CHEF ART 天然甜菜根粉	1
雞蛋	20
低筋麵粉（冷凍）	135

作法

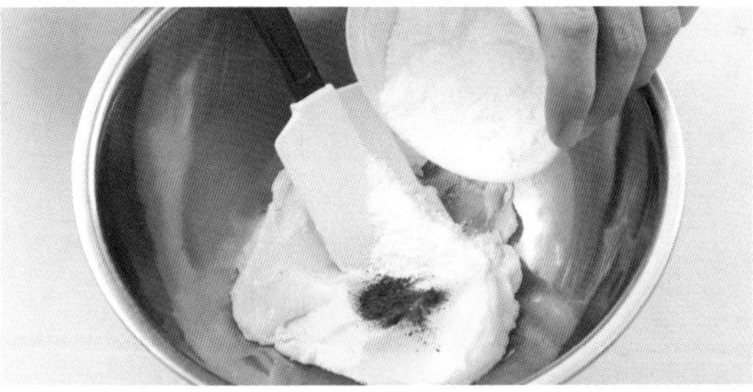

1 無鹽奶油退冰至約 20˚C 左右，放入鋼盆中用刮刀壓軟，加入純糖粉、CHEF ART 天然甜菜根粉，刮刀拌勻至看不見粉粒。

2 下打散的雞蛋液，拌勻至雞蛋與奶油乳化均勻。

甜菜根粉是水溶性的，此步驟一定要確實把材料乳化均勻，讓甜菜根的顏色釋放出來。

3 加入過篩好的低筋麵粉，刮刀拌勻至無顆粒。

顏色會是粉紅色的，太淺可以再補適量甜菜根粉，深的話也沒關係，只是烤出來顏色會深一點。

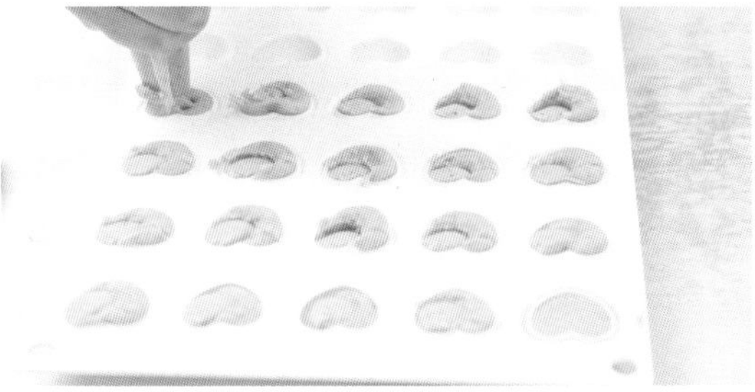

4 裝入擠花袋（不需套花嘴），擠入愛心矽膠模中，每顆擠滿。

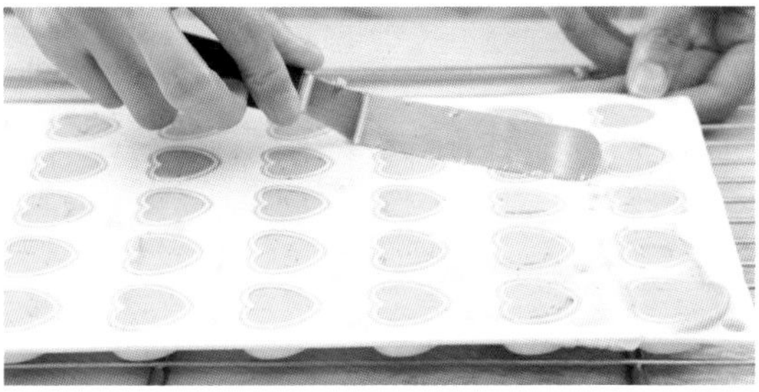

5 用小刮刀抹平，共可擠 35 顆，多餘的麵糊再次放回擠花袋。

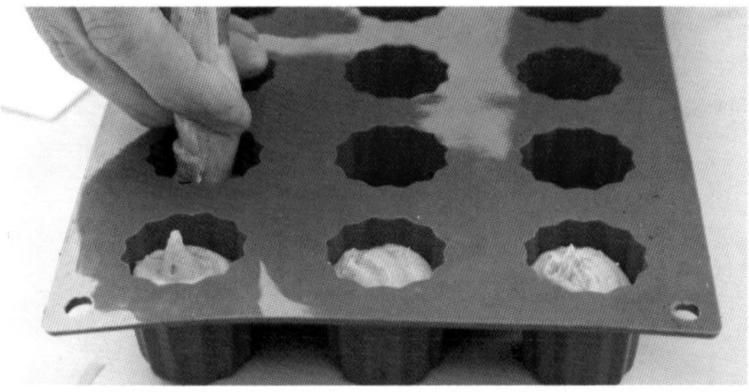

6 擠入其他模具中（擠入量以 35 ~ 50g 為佳）。送入預熱好的烤箱，設定上下火 170° C，烘烤 8 ~ 10 分鐘。

PRODUCT 7

法式杏仁餅乾

模具 圓口花嘴直徑2公分

數量 27顆

材料	公克
無鹽奶油	100
純糖粉	35
雞蛋	20
低筋麵粉	135
全脂奶粉	10
熟杏仁果	60
裝飾	
肉桂粉	2
細砂糖	10

作法

1 無鹽奶油退冰至約 20˚C 左右，放入鋼盆中用刮刀壓軟，加入純糖粉，刮刀拌勻至看不見粉粒。

2 下打散的雞蛋液，拌勻至雞蛋與奶油乳化均勻。

3 加入過篩低筋麵粉、過篩全脂奶粉、熟杏仁果碎。

4 刮刀拌勻至看不見粉粒且顆粒食材均勻分布。

5 擠花袋套入花嘴，裝入麵糊，頂端剪一刀。

6 於不沾烤盤間距相等擠水滴狀。

7 把裝飾的肉桂粉與細砂糖混勻，用手指捏適量撒於每顆餅乾中心。

8 叉子把肉桂糖輕輕壓入餅乾中，順便製作造型。

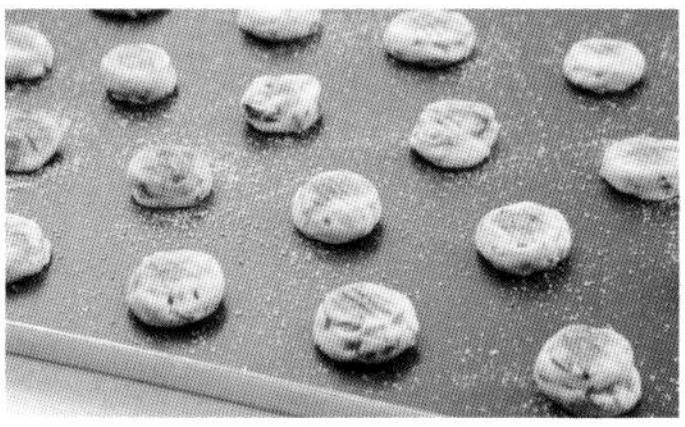

9 送入預熱好的烤箱，設定上下火 170° C，烘烤 15 分鐘。

PRODUCT 8

法式巧克力杏仁餅乾

模具 圓口花嘴直徑2公分

數量 27顆

材料	公克
無鹽奶油	100
純糖粉	55
雞蛋	20
低筋麵粉	100
高筋麵粉	25
可可粉	10
杏仁片	70
裝飾	
細砂糖	適量

作法

1 無鹽奶油退冰至約 20°C 左右，放入鋼盆中用刮刀壓軟。

2 加入過篩純糖粉，刮刀拌勻至看不見粉粒。

3 把雞蛋均勻打散，倒入鋼盆中。

4 拌勻至雞蛋與奶油乳化均勻。

5 加入過篩低筋麵粉、過篩高筋麵粉、過篩可可粉、杏仁片，刮刀拌勻至看不見粉粒。

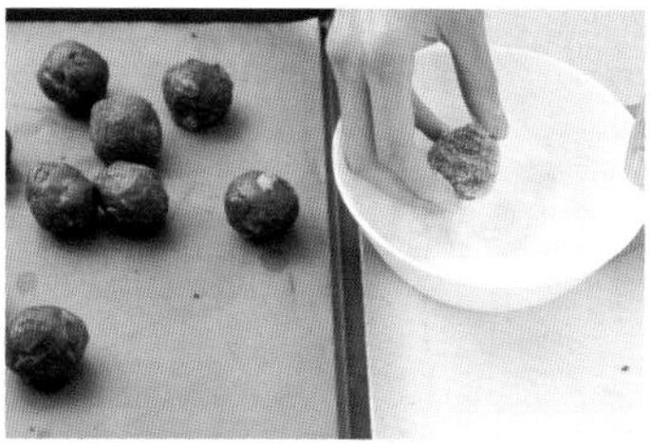

6 烤盤鋪上烤盤布，用手捏分割每個 20g，搓成圓球狀整顆裹細砂糖。操作速度要快，手溫會把奶油融掉，會越來越不好操作。

7 間距相等排上烤盤，用造型模具輕輕壓出紋路，或用刀子割出井字造型。

8 送入預熱好的烤箱，設定上下火 160° C，烘烤 15 ~ 20 分鐘。

PRODUCT 9

焦糖雙餡最中

模具 無

數量 兩種口味各示範1顆

最中焦糖殼	公克
最中殼	4 片
羅米亞杏仁焦糖（P.59）	20

餡料	
極品高雄十號紅豆粒餡	適量
金桔檸檬餡	適量

最中焦糖殼作法

1　參考 P.59 製作羅米亞杏仁焦糖，取 10g 的分量放入最中殼中。

2　送入預熱好的烤箱，設定上下火 160 ~ 170° C，烘烤 15 分鐘左右，把糖塊烤融、烤至上色即可。出爐放涼後就會呈現漂亮的網狀結構。

雙餡作法

3　用冰淇淋勺挖取適量極品高雄十號紅豆粒餡，扣入最中殼中。

4　取另一片最中焦糖殼闔起，完成~

5　用冰淇淋勺挖取適量金桔檸檬餡，扣入最中殼中。

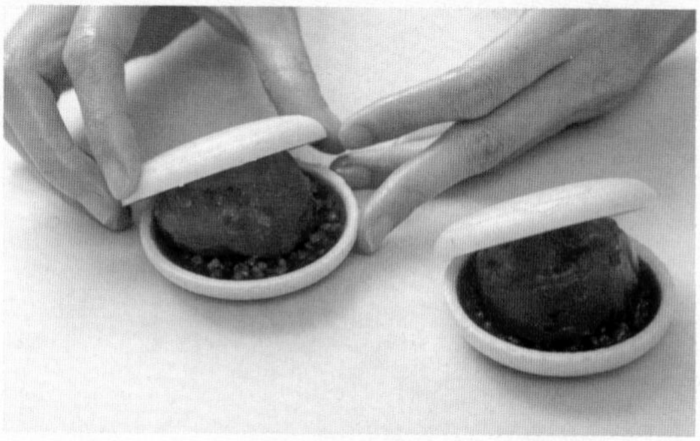

6　取另一片最中焦糖殼闔起，完成~

使用冰淇淋勺整形有三個優點，第一是速度快，第二是乾淨衛生，第三是用量精準可量化，誤差不會過大，以接單製作來說是快速又方便的好幫手。

Topics 3
壓模餅乾

PRODUCT 10

富士蘋果餅乾

模具 圓形矽膠模（單顆直徑3×高1公分）1顆8克

數量 19顆

材料

裝飾材料	
肉桂粉	2g
細砂糖	10g

作法

1 無鹽奶油退冰至約 20°C 左右，加入二砂糖拌勻。

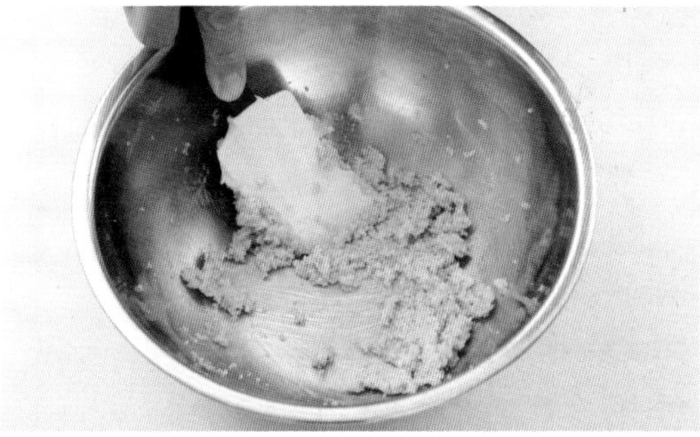

2 拌勻至糖顆粒均勻分布於奶油中，糖不會融化。

3 把雞蛋均勻打散，倒入鋼盆中。

4 拌勻至雞蛋與奶油乳化均勻，加入蘋果泥再次拌勻。

5　下過篩低筋麵粉、過篩杏仁粉。

6　刮刀拌勻至看不見粉粒，粉均勻融入材料中。

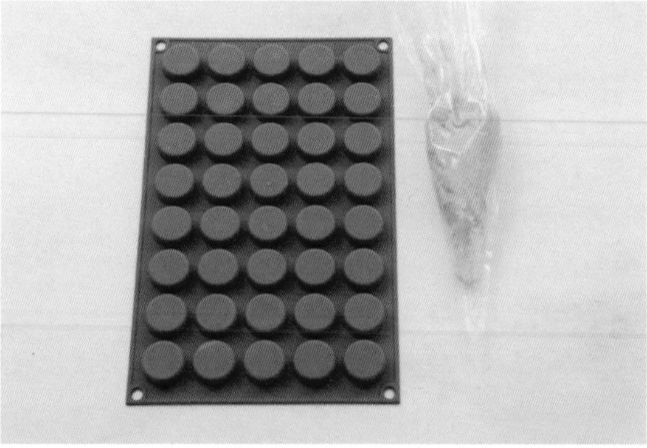

7　裝入擠花袋（不需套花嘴），裝入後前端平剪約 1 ~ 1.5 公分的小口，尾端用刮刀把麵糊往前推整，將沾在袋子上的麵糊收整一下，尾端打結準備擠麵糊。

8　手握住麵糊分布最飽滿的區域，找出最適合的位置（讓手保持穩定），擠入圓形矽膠模中，每顆擠滿。

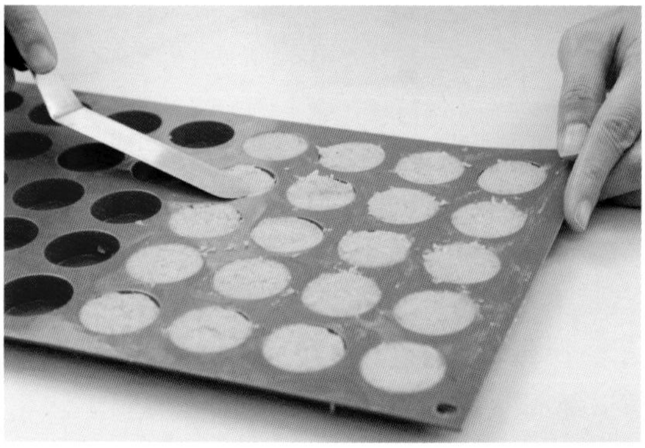

9　每顆擠跟模型平高（約 8g），麵糊質地較硬，不太好抹，建議用小抹刀一顆一顆慢慢抹平。

10 送入預熱好的烤箱，表面蓋一個烤盤（避免餅乾膨脹），設定上下火 170° C，烘烤 15 分鐘。

11 因為有蘋果汁水，溫度要高一點才能把果泥收乾。出爐拖上涼架放涼，烤好的餅乾會有一點點上色。

12 烤盤鋪矽膠孔洞烤焙墊，將餅乾倒扣出來。

13 把裝飾的肉桂粉與細砂糖混勻，用手指捏適量撒於每顆餅乾中心。

14 再用指尖輕輕把肉桂糖攤開，盡可能攤平均勻。

15 送入預熱好的烤箱，設定上下火 170° C，烘烤 10 分鐘，把肉桂糖烤融即完成。

PRODUCT 11

咖啡核桃酥餅

模具 矽膠模（單顆長3×寬3×高2公分）

數量 11顆

參考 P.163 製作「巧克力甘納許」

材料

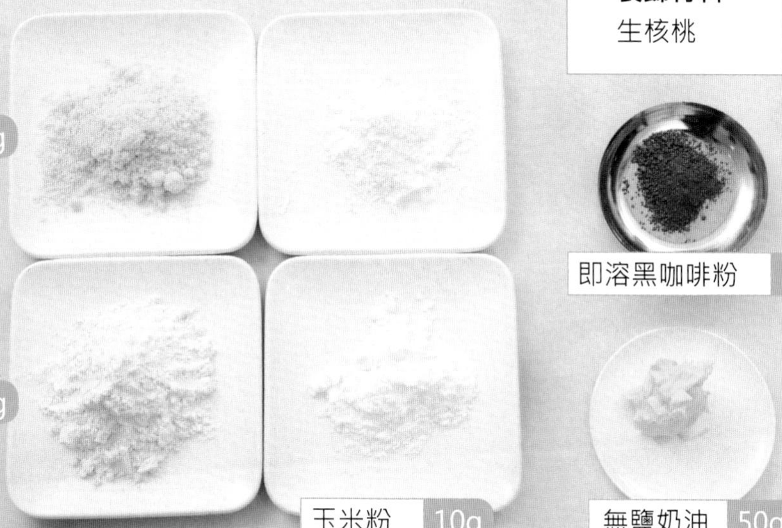

- 杏仁粉 15g
- 純糖粉 12g
- 低筋麵粉 30g
- 玉米粉 10g
- 即溶黑咖啡粉 1g
- 無鹽奶油 50g

裝飾材料	
生核桃	適量

作法

1 無鹽奶油退冰至約 20°C 左右，放入鋼盆中用刮刀壓軟。

2 加入過篩純糖粉、即溶黑咖啡粉。

3 刮刀用翻、拌、刮的方式把材料拌勻至看不見粉粒。

做餅乾會希望味道比較重，我一般會使用重烘焙的藍山、曼特寧咖啡豆，使用淺烘焙風味會酸酸的，客人會覺得好像酸敗了。

4　下過篩杏仁粉、過篩低筋麵粉、過篩玉米粉。

5　刮刀拌勻至看不見粉粒、無顆粒，粉均勻融入材料中。

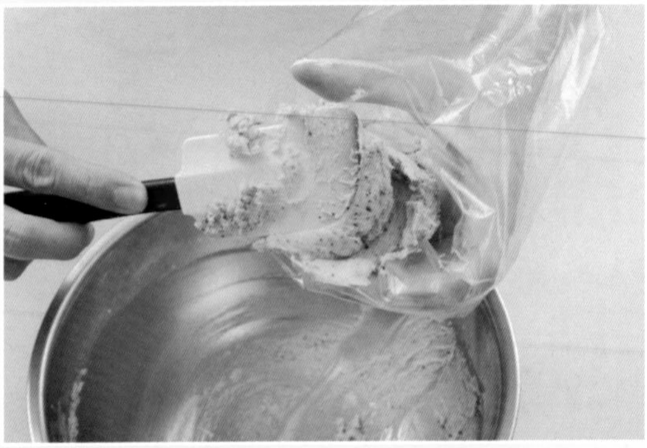

6　裝入擠花袋中（不需套花嘴）。

7　擠花袋前端剪一刀，刮刀把麵糊集中往下刮，注意不要刮出來。

8　擠入矽膠模中，每模擠約八分滿，共可擠 11 顆。

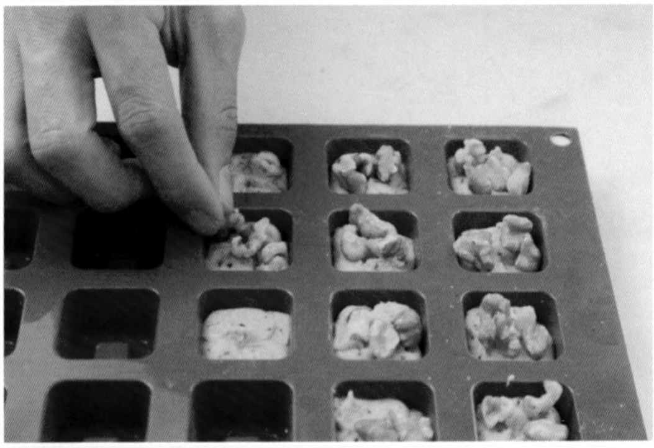

9　表面放生核桃。

10 送入預熱好的烤箱，設定上下火 160° C，烘烤 15 ～ 20 分鐘。

11 出爐脫模，每顆倒扣在不沾烤盤布上。

12 凹洞擠適量巧克力甘納許，完成～

PRODUCT 12

蔓越莓小方餅

模具　矽膠模（單顆長寬高3.5公分）

數量　25克（9顆）

材料	公克
無鹽奶油	50
純糖粉	40
細砂糖	10
雞蛋	25
低筋麵粉	60
蔓越莓乾（切碎）	30
CHEF ART 天然甜菜根粉	1

作法

1 無鹽奶油退冰至約 20˚C 左右，放入鋼盆中用刮刀壓軟。

2 加入純糖粉、細砂糖，刮刀拌勻。

3 拌勻至看不見糖粉，細砂糖均勻分布於奶油中，糖顆粒不會融化。

4 下打散的雞蛋液，拌勻至雞蛋與奶油乳化均勻。

5 下過篩低筋麵粉、切碎的蔓越莓乾。

6 下甜菜根粉，刮刀拌勻至看不見粉粒。

7 甜菜根粉融入材料中，顏色釋放，蔓越莓乾均勻分布於材料內。

8 裝入擠花袋中，擠入矽膠模，每個擠約五分滿，一顆約 25g。

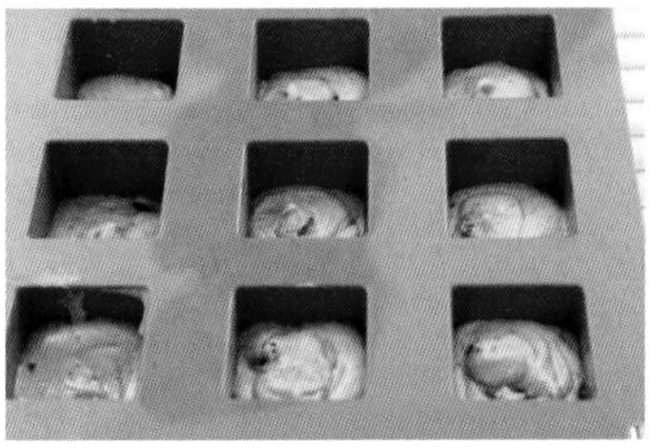

9 送入預熱好的烤箱，設定上下火 160° C，烘烤 15 ~ 20 分鐘。

PRODUCT 13

維也納糕型酥餅

模具 小可麗露矽膠模（直徑3 × 高3.5公分）

數量 12顆

材料	公克
無鹽奶油	100
純糖粉	50
雞蛋	20
低筋麵粉	110
玉米粉	25
全脂奶粉	15

作法

1 無鹽奶油退冰至約 20˚C 左右，放入鋼盆中用刮刀壓軟。

2 加入純糖粉，刮刀壓拌均勻。

3 拌勻至看不見糖粉，糖融入奶油中。

4 下打散的雞蛋液。

5 拌勻至雞蛋與奶油乳化均勻。

6 下過篩低筋麵粉、過篩玉米粉、過篩全脂奶粉，拌勻至看不見粉粒。

7 擠花袋套入花嘴，裝入麵糊，頂端剪一刀。

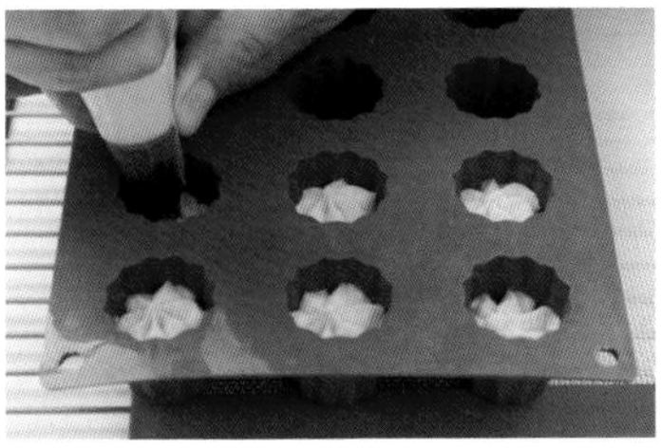

8 擠入矽膠模，每個擠約五分滿即可。

9 送入預熱好的烤箱，設定上下火 160° C，烘烤 25 分鐘。

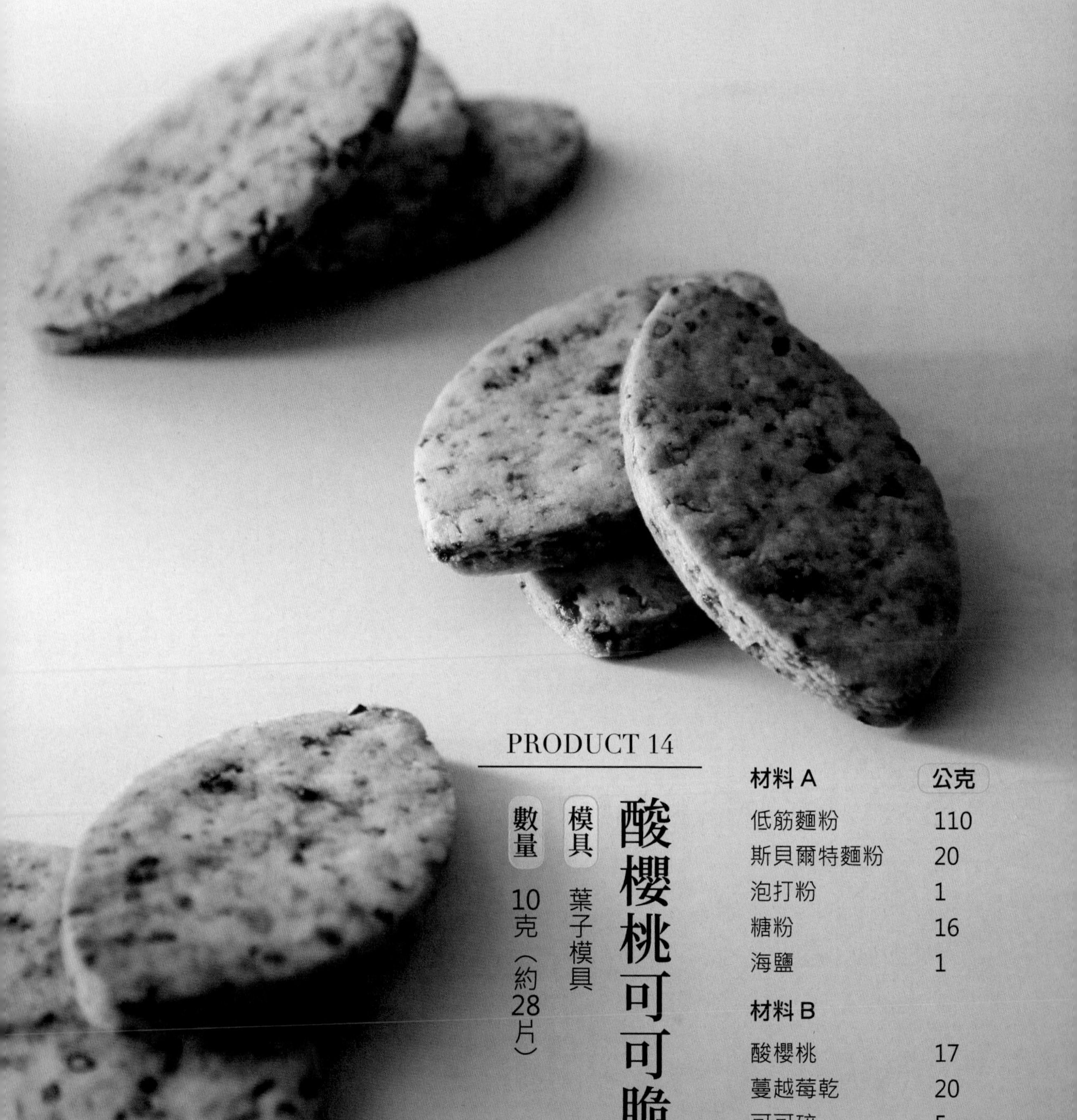

PRODUCT 14

酸櫻桃可可脆片

模具 葉子模具

數量 10克（約28片）

材料 A	公克
低筋麵粉	110
斯貝爾特麵粉	20
泡打粉	1
糖粉	16
海鹽	1
材料 B	
酸櫻桃	17
蔓越莓乾	20
可可碎	5
開心果	15
材料	
C 奶油乳酪	30
D 動物性鮮奶油	10
蜂蜜	20
橄欖油	20

若沒有「斯貝爾特麵粉」可以直接用低筋麵粉，斯貝爾特麵粉低 GI 比較健康。

作法

1 材料 A 加入食物調理機中，粉類與調味料打 2 ~ 5 秒打勻。

2 下材料 B 打 3 ~ 6 秒打勻，果乾的大小可以依個人喜好變化，打越久越細碎。

3 下材料 C 室溫軟化的奶油乳酪（溫度約 16 ~ 20°C）打 2 ~ 5 秒打勻。

4 下材料 D，打 2 ~ 5 秒打勻。

5 配方中的植物油可以使用任意的風味油，橄欖油、玄米油、柚子油。

6 倒出來用手混合，壓成塊狀。

7 這個配方整體比較乾，倒出來之後要再用手壓成塊不然無法塑形。

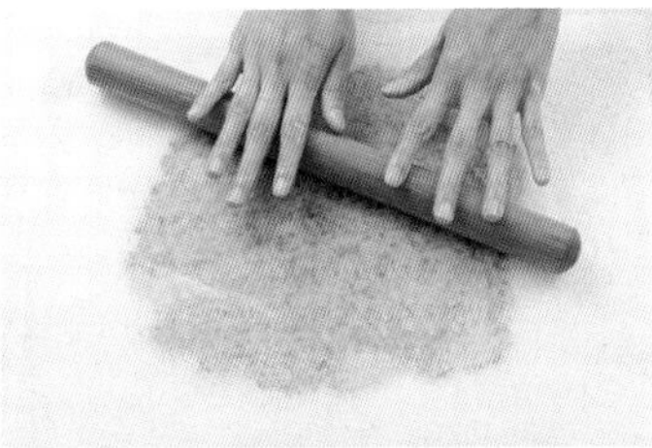

8 放上烤焙紙蓋起，用擀麵棍擀壓至厚度 3 ~ 4 毫米，冷凍至變硬即可裁切。

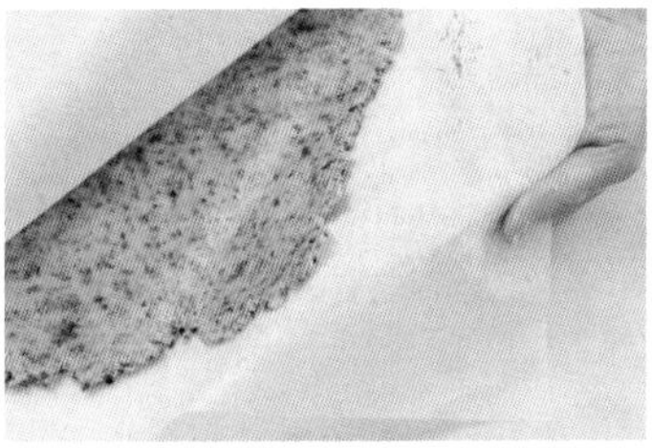

9 這款因為有加果乾，厚度要厚一些，才不會一切就散開。凍硬後掀開烤焙紙。

10 用模具壓出造型，每片大約 10g。

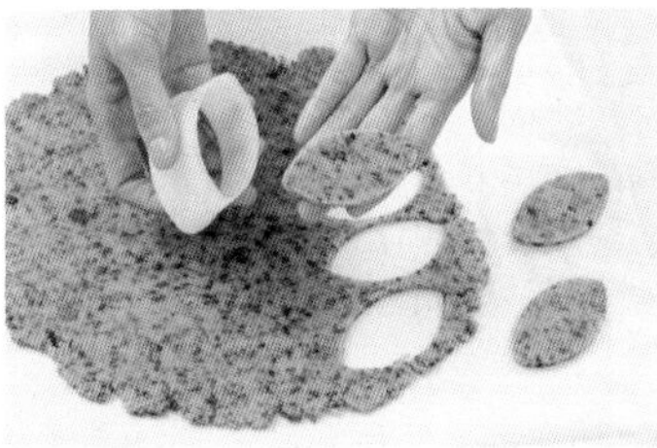

11 多餘的麵團可以再次擀壓，冷凍壓模烘烤。

12 送入預熱好的烤箱，設定上下火 150°C，烘烤 15 分鐘。

PRODUCT 15

焦糖酥脆酥餅

模具 圓形模具（直徑5公分）

數量 18克（約13片）

餅乾體		公克
A	發酵奶油	92
	糖粉	33
	鹽之花	1
B	蛋黃	12
C	低筋麵粉	95
	玉米粉	12

蛋液

蛋黃	48
動物性鮮奶油	12

巧克力焦糖醬

動物性鮮奶油	100
細砂糖	110
鹽之花	1
無鹽奶油	60
63% 黑巧克力	18

巧克力焦糖醬作法

1 有柄厚底鋼鍋加入動物性鮮奶油，中火加熱至沸騰約 100° C，關火。

2 乾淨有柄厚底鋼鍋加入 1/3 的細砂糖，中火加熱。

3 耐熱刮刀把邊緣的高溫焦糖往中心撥，糖會融化的更快。

4 加熱期間不可用耐熱刮刀頻繁翻拌。

5 焦糖本來是高溫的，我們一拌冷空氣進去熱度就會分散，容易反砂。

6 當看到四周有細密小泡泡時可以搖晃整個鍋子。

7 糖加入的時機是，上一批糖融化了就可以加入下一批糖，一共加三次。

8 這次我們使用乾焦糖煮法，重點在於「分批下細砂糖」，一次下全部會容易焦掉。

9 焦糖顏色煮的越淺口味越甜，顏色越深口味就微微帶苦，我個人喜歡有一點苦味，因此會煮的深一點。

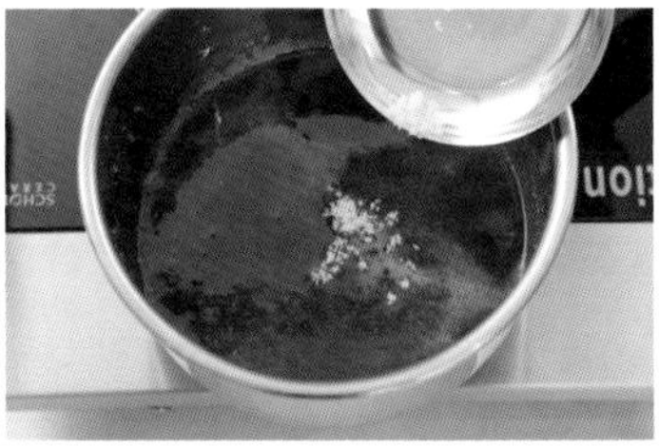

10 調整到想要的顏色深度時加入鹽之花、無鹽奶油拌勻，整個過程會持續冒泡沸騰。

11 加入一旁溫熱的動物性鮮奶油，溫度要確認「溫熱」。

12 如果冷了，加入時會因為液體溫差噴濺。邊加入邊拌勻，請小心液體溫差噴濺。

13 中火持續加熱沸騰，煮至 108° C。

14 量杯放入 63% 黑巧克力。

15 沖入煮好的焦糖靜置 10 ~ 15 秒，刮刀稍微拌勻到所有食材融化。

16 用焦糖餘溫融化巧克力，以均質機均質，讓質地更細緻，完成。

餅乾體作法

1 發酵奶油退冰至約 20°C 左右，放入鋼盆中用刮刀壓軟。

2 加入糖粉、鹽之花，刮刀壓拌均勻。

3 拌勻至看不見糖粉，糖融入奶油中。

4 把蛋黃均勻打散，倒入鋼盆中。

5 拌勻至蛋黃與奶油乳化均勻。

6 下過篩低筋麵粉、過篩玉米粉。

7 刮刀拌勻至看不見粉粒，粉均勻融入材料中。

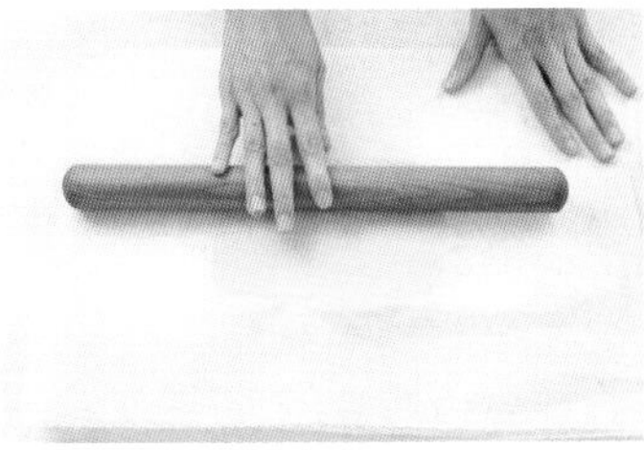

8 桌面撒適量手粉防止沾黏，蓋上烤焙紙，用擀麵棍擀壓至 3 ~ 4 毫米，冷凍至變硬即可裁切。

9 凍硬後輕輕掀開烤焙紙，用模具壓出造型，每片大約 18g。

10 烤盤鋪矽膠孔洞烤焙墊，間距相等放入餅乾片，刷上一層混勻的蛋液材料。

11 冷凍 15 分鐘，時間到刷第二次，用叉子劃出格紋造型。

12 送入預熱好的烤箱，設定上下火 170° C，烘烤 12 ~ 15 分鐘。

13 中心擠上適量巧克力焦糖醬。

14 取另一片餅乾闔起，完成。

PRODUCT 16

壓花肉桂羅米雅

模具 花形圓模（直徑5.5公分）、圓模（直徑3公分）

數量 13片

羅米亞杏仁焦糖	**公克**
二砂糖	30
蜂蜜	10
動物性鮮奶油	10
水麥芽	20
發酵奶油	30
生杏仁角	35

作法

1 有柄厚底鋼鍋加入所有食材（除了生杏仁角）。

2 一開始用小火，確保所有食材都融化後就可以轉中火。

3 中火慢滾至沸騰，溫度大約 107 ~ 108°C。

4 關火，加入生杏仁角拌勻，稍微放涼。

5 放涼到用刮刀刮可以感受到遲滯感。

6 材料開始凝固但還可以流動，溫度約 60°C。

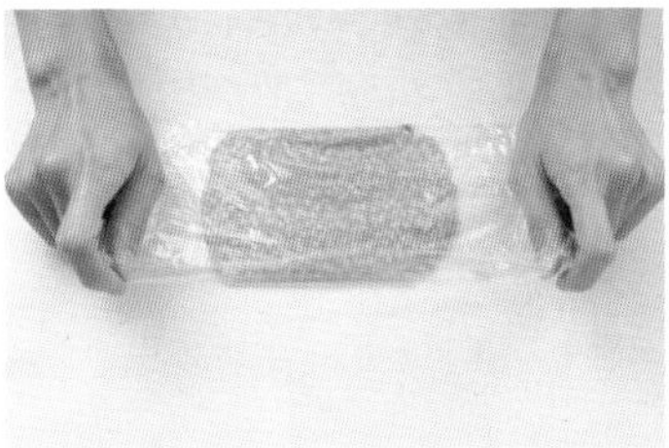

7 桌面鋪一張保鮮膜，倒入食材，取前後兩端摺起。

8 再取左右兩端摺起。食材用保鮮膜四邊包覆摺起，放入冰箱。

9 冷藏冰硬之後即可取出，輕輕去除保鮮膜，分割成 2.5g 焦糖塊備用。

基礎奶油肉桂餅乾 （公克）

A	發酵奶油	60
	糖粉	35
	鹽之花	1
	肉桂粉	1
B	雞蛋	20
C	低筋麵粉	102
	杏仁粉	10

作法

1 **材料 A**：發酵奶油退冰至約 20℃ 左右，放入鋼盆中用刮刀壓軟。

2 加入糖粉、鹽之花、肉桂粉拌勻。

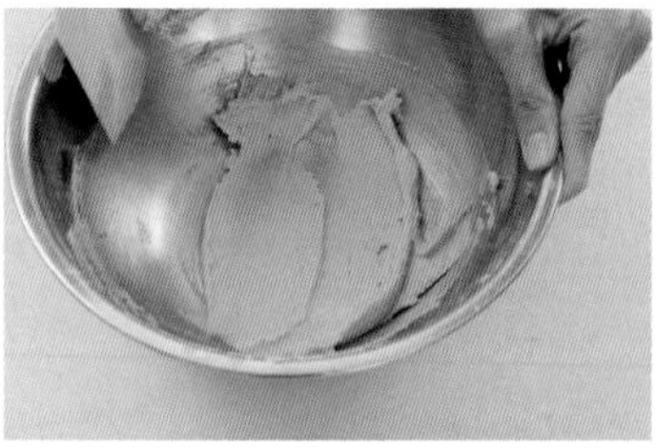

3 刮刀拌勻至看不見粉粒，肉桂粉顏色顯現、糖融入奶油中。

4 **材料 B**：把雞蛋均勻打散，分兩次下入鋼盆。

5 拌勻至雞蛋液與奶油乳化均勻。

6 充分乳化均勻後，才可加入第二次，完成如圖。

7 **材料 C**：下過篩好的低筋麵粉、過篩杏仁粉。

8 刮刀拌勻至無粉粒的狀態。

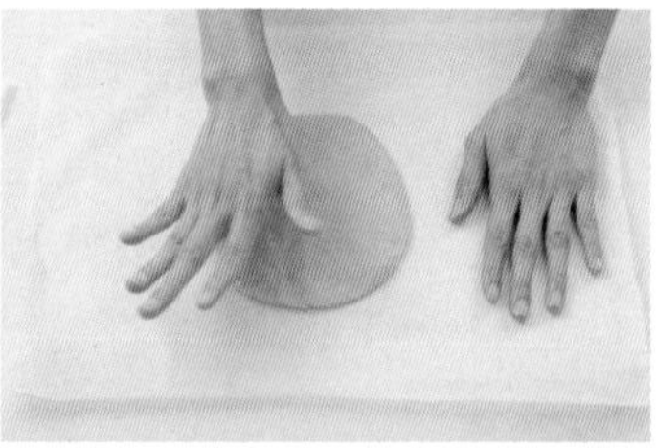

9 桌面鋪一張烤焙紙，放上麵團輕輕拍扁。

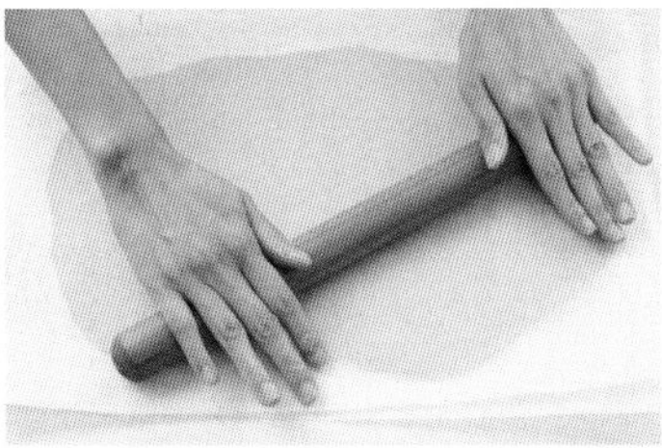

10 蓋上另一張烤焙紙，用擀麵棍擀壓至 3 ~ 4 毫米。

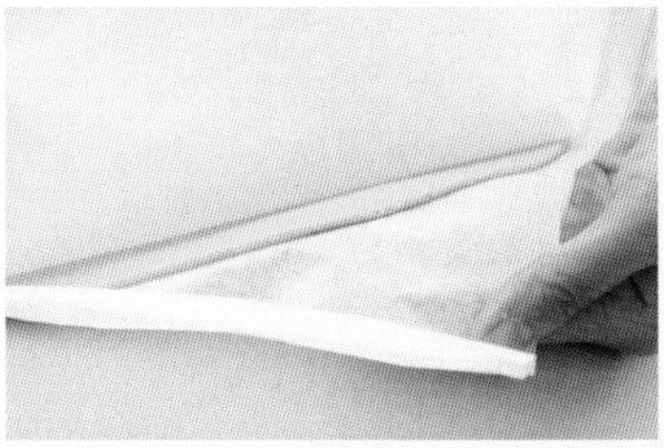

11 冷凍 4 小時，將麵團凍硬方便後續操作。

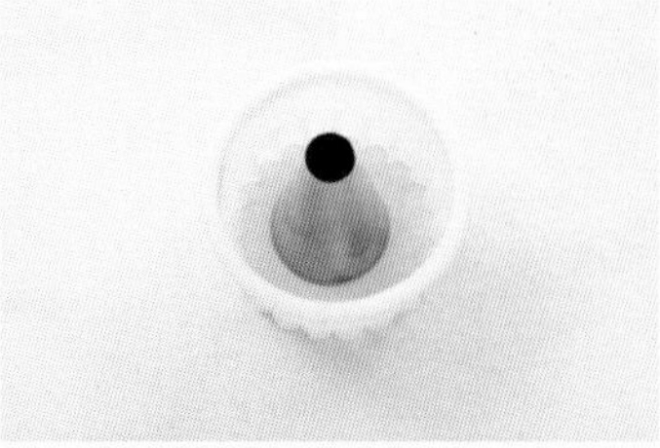

12 準備花形圓模（直徑 5.5 公分）、圓模（直徑 3 公分）。

13 取出凍硬後的麵團，輕輕掀開烤焙紙，用花形圓模壓出造型。

14 在正中心用圓模壓出花蕊位置。

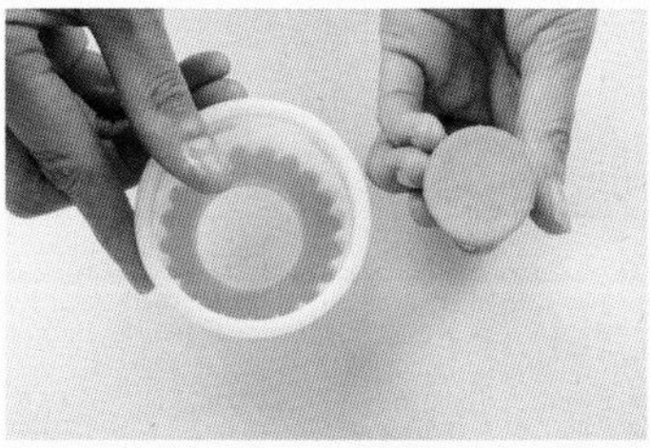

15 成品如上。多出來的圓片可以應用在「No.17 壓花茉莉綠茶羅米雅」中。

16 把花形餅乾間距相等排入不沾烤盤。

17 中心放 2.5g 羅米亞杏仁焦糖塊。送入預熱好的烤箱，設定上下火 160° C，烘烤 15 分鐘。

PRODUCT 17

壓花茉莉綠茶羅米雅

模具 花形圓模（直徑5.5公分）、圓模（直徑3公分）

數量 13片

羅米亞芝麻焦糖	公克
二砂糖	30
蜂蜜	10
動物性鮮奶油	12
水麥芽	10
發酵奶油	30
生白芝麻	22

作法

1 有柄厚底鋼鍋加入所有食材(除了生白芝麻)。

2 一開始用小火，確保所有食材都融化後就可以轉中火。

3 中火慢滾至沸騰，溫度大約 107 ~ 108˚C。

4 關火，加入生白芝麻拌勻，稍微放涼。

5 放涼到用刮刀刮可以感受到遲滯感。

6 材料開始凝固但還可以流動，溫度約 60˚C。

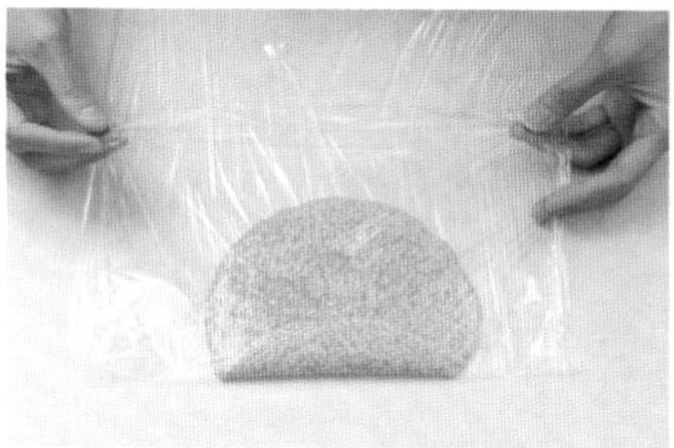

7 桌面鋪一張保鮮膜，倒入食材，取前後兩端摺起。

8 再取左右兩端摺起。食材用保鮮膜四邊包覆摺起，放入冰箱。

9 冷藏冰硬之後即可取出，輕輕去除保鮮膜，分割成 2.5g 焦糖塊備用。

基礎奶油肉桂餅乾

材料		公克
A	發酵奶油	60
	糖粉	35
	鹽之花	1
	肉桂粉	1
B	雞蛋	20
C	低筋麵粉	102
	杏仁粉	10

作法

1 參考 P.60 ~ 61「No.16 壓花肉桂羅米雅」製作至作法 11。

基礎奶油茉莉綠茶餅乾

材料		公克
A	發酵奶油	60
	糖粉	35
	鹽之花	1
B	雞蛋	15
C	低筋麵粉	100
	杏仁粉	10
	肉桂粉	1
	茉莉綠茶粉	6
	天然綠色色粉	些許

作法

1 參考 P.60 ~ 61「No.16 壓花肉桂羅米雅」，操作手法製作至作法 11。

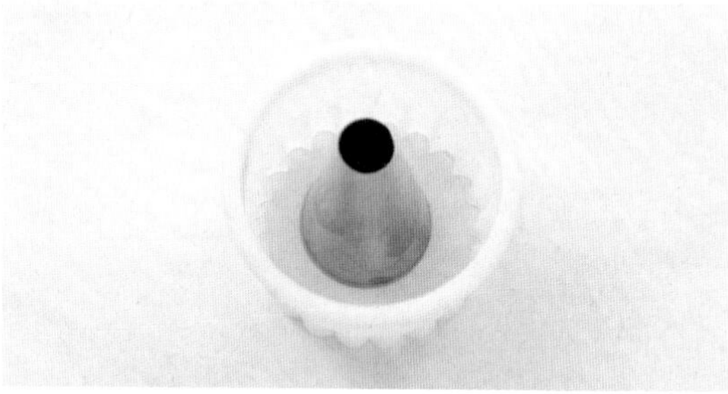

2 準備花形圓模（直徑 5.5 公分）、圓模（直徑 3 公分）。

與「No.16 壓花肉桂羅米雅」使用相同模具。

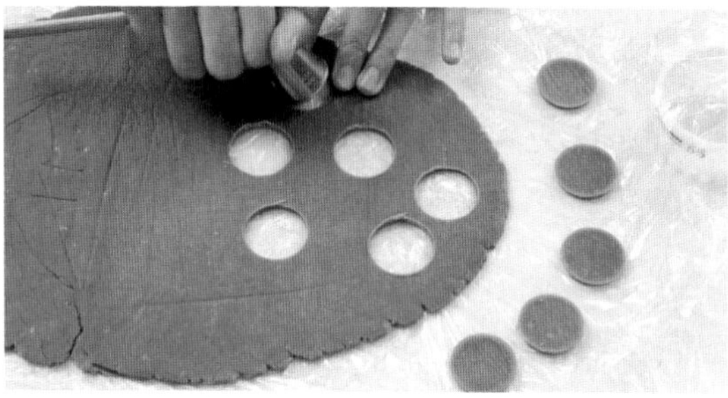

3 取出凍硬後的麵團，輕輕掀開烤焙紙，用圓形模具壓出造型。

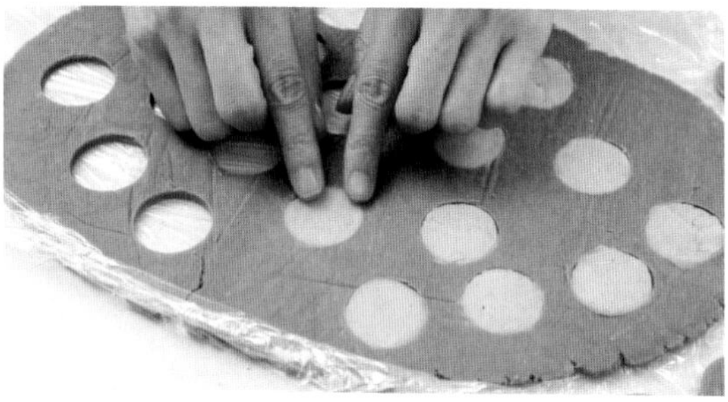

4 把基礎奶油肉桂餅乾的麵團填進去。

5 用花形圓模壓出造型，壓的時候盡量兩種口味都壓到。

6 在正中心用圓模壓出花蕊位置，多出來的小圓餅乾可以一起烤掉。

7 把花形餅乾間距相等排入不沾烤盤。

8 中心放 2.5g 羅米亞芝麻焦糖塊。送入預熱好的烤箱，設定上下火 160° C，烘烤 15 分鐘。

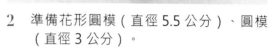

PRODUCT 18

覆盆子眼鏡餅乾

模具　花形圓模（直徑5.5公分）、花形圓模（直徑3.5公分）

數量　8～10片

原味餅乾體		公克
A	低筋麵粉	155
	糖粉	65
	鹽之花	0.5
	泡打粉	2.5
B	無鹽奶油	60
C	全蛋	30

可參考 P.127 製作覆盆子果醬，也可直接使用市售果醬。

作法

1 參考 P.139 ~ 141「No.42 奶油鑽石餅乾」製作至作法 12，把麵團擀成片狀，冷凍凍硬。

2 取出凍硬後的麵團，輕輕掀開烤焙紙。

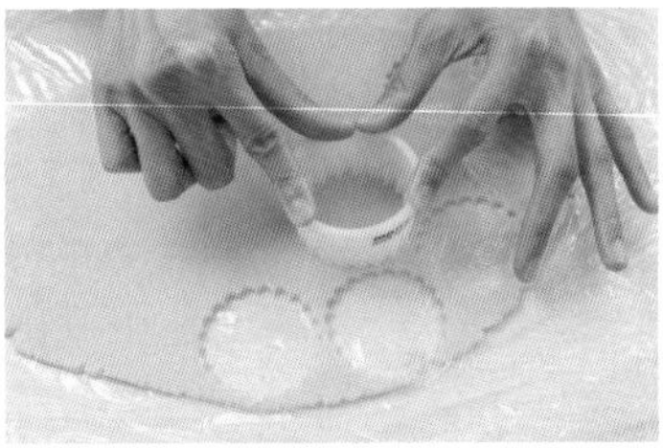

3 用直徑 5.5 公分的花形圓模壓出造型。

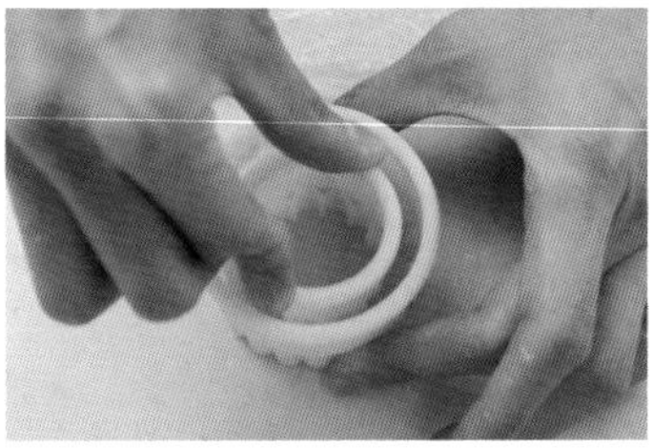

4 用直徑 3.5 公分的花形圓模壓出花蕊。

5 兩片分離，如上圖。

6 送入預熱好的烤箱，設定上下火 160° C，烘烤 15 ~ 20 分鐘。

7 外圈餅乾篩適量防潮糖粉（配方外）。

8 主體餅乾抹上覆盆子果醬。

9 兩塊餅乾闔起組裝，完成~

PRODUCT 19

澳洲蜂蜜燕麥餅乾

模具 矽膠套模具（長8×寬3×高3公分）

數量 40克（10條）

材料	公克
有鹽奶油	120
二砂糖	70
蜂蜜	30
低筋麵粉	100
椰子粉	60
蔓越莓乾	20
燕麥片	100

作法

1 蔓越莓乾剪碎，如果蔓越莓乾太大會把這個餅乾的結構體撐壞。

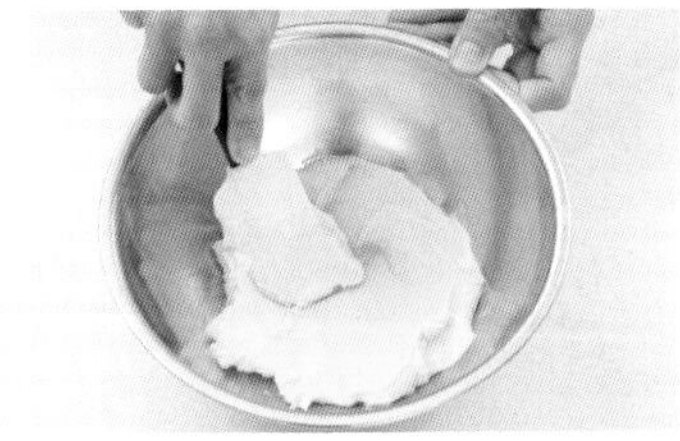

2 有鹽奶油退冰至約 20℃ 左右，放入鋼盆中用刮刀壓軟。

3 加入二砂糖、蜂蜜拌勻，拌均至糖顆粒均勻分布於奶油中，糖不會融化。

4 下過篩低筋麵粉、椰子粉、蔓越莓乾、燕麥片，拌勻至看不見粉粒，果乾與穀物均勻散佈於奶油糊中。

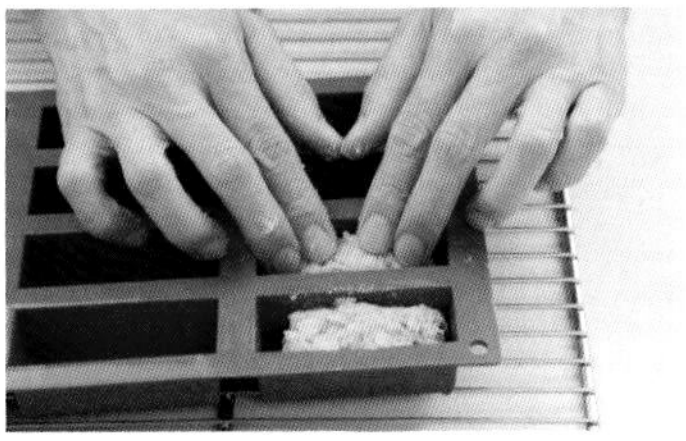

5 裝入擠花袋子，擠入模具約七分滿（每顆約 40g）。

6 用小抹刀盡可能壓平，這款餅乾最後不會化開，會黏在模具上。

7 送入預熱好的烤箱，設定上下火 160° C，烘烤 30 ~ 35 分鐘。

8 脫模放涼。用蜂蜜烘烤不足冷卻會鬆鬆散散的，燕麥片盡量找那種粗的燕麥片，不要找即溶燕麥片，這種澳洲餅乾口感希望咬得到燕麥口感。

9 完成 ~

PRODUCT 20

栗子奶油餅

模具　橢圓形模（長6.5×寬3公分）

數量　10組

茶香杏仁酥餅

		公克
A	無鹽奶油	70
	糖粉	42
	鹽之花	1
B	蛋黃	20
C	低筋麵粉	122
	東方美人茶粉	10
	杏仁粉	8
	泡打粉	0.5

作法

1 無鹽奶油退冰至約 20˚C 左右，放入鋼盆中用刮刀壓軟。

2 加入糖粉、鹽之花拌勻。

3 把蛋黃均勻打散，倒入鋼盆中，拌勻至蛋黃與奶油乳化均勻。

4 下過篩的材料 C 粉類食材。

5 刮刀拌勻至無粉粒的狀態，材料均勻成團，茶粉顏色釋出。

6 桌面鋪一張烤焙紙，放上麵團輕輕拍扁。蓋上另一張烤焙紙，用擀麵棍擀壓至 3 ~ 4 毫米。

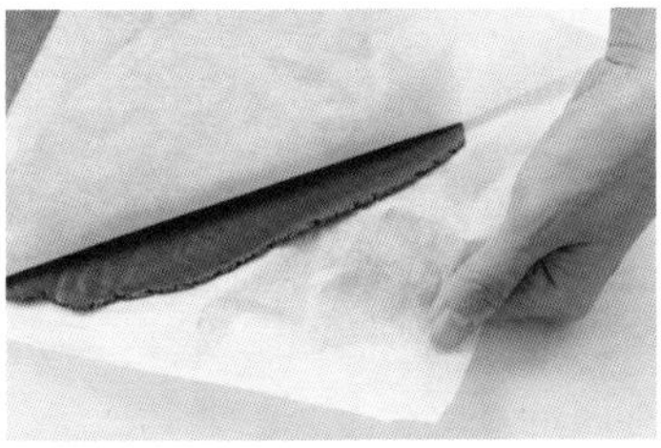

7 冷凍 4 小時，將麵團凍硬方便後續操作。

8 取出凍硬後的麵團，用橢圓形模壓出造型。送入預熱好的烤箱，設定上下火 160° C，烘烤 15 分鐘。

義式蛋白奶油霜		公克
A	水	20
	細砂糖	60
B	蛋白	35
C	發酵奶油	65

義式蛋白奶油霜作法

1 **義式蛋白霜**：有柄厚底鍋下水、細砂糖，中火煮至 117 ~ 120℃。煮的期間不要用刮刀拌避免反砂。

2 全程可以用搖晃鍋子的方式分散熱度，原則上在煮滾前，要先把糖煮融。

3 探針量溫度要插進液體中間，不要插到底部。溫度達 115℃ 時開始進行作法 4 打蛋白的動作。

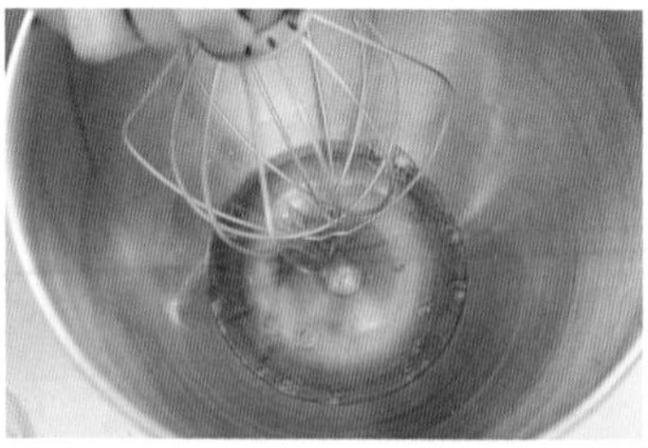

4 蛋白放入乾淨攪拌缸，使用球狀打蛋器中速攪拌，打到蛋白濕性發泡（約 6 ~ 7 分發）。

5 攪打蛋白的期間煮糖水也不能停，時刻注意溫度是否到達 117 ~ 120℃。

6 蛋白打完時沿著鍋邊緩緩倒入煮至 117℃ 的糖水（全程攪拌器不停止），倒入時間大概是 7 ~ 12 秒。

7 攪拌缸內的溫度打完需在 30℃ 以下，攪打至出現挺立的彎鉤。

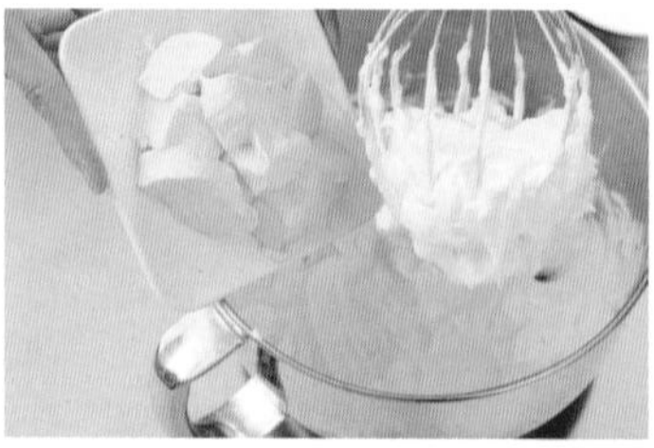

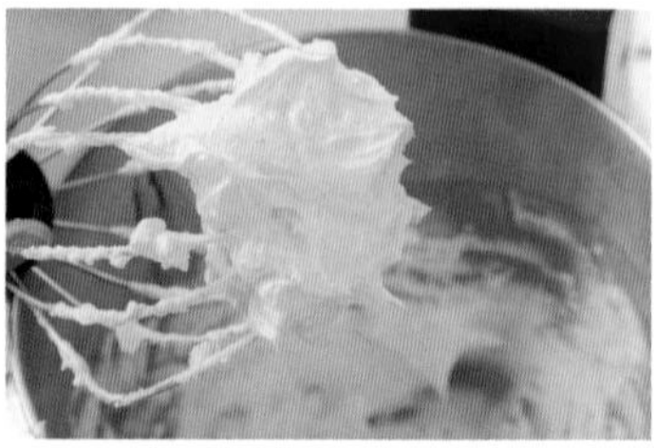

8 **義式蛋白奶油霜**：下室溫軟化之發酵奶油（約 22℃），慢速拌勻至奶油稍微均勻，轉中速打至均勻滑順，完成～

栗子義式奶油霜

		公克
A	奶油乳酪	25
	無糖栗子泥	40
B	鹽之花	1
	糖漬栗子碎粒	些許
C	★ 義式蛋白奶油霜（P.72）	80

栗子義式奶油霜＆餅乾組合作法

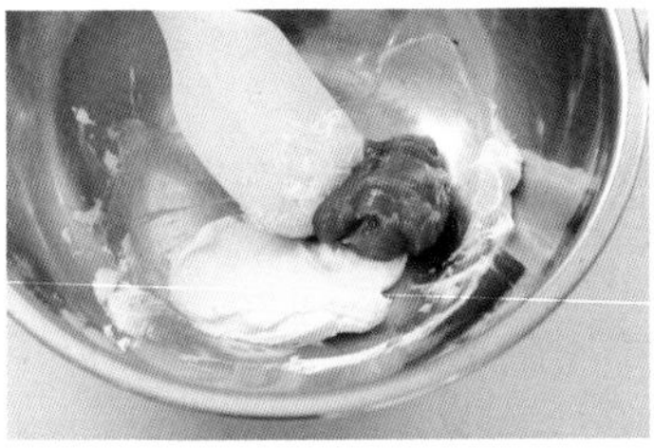

1 奶油乳酪退冰至約 20°C 左右，放入鋼盆中用刮刀壓軟，加入無糖栗子泥，以刮刀拌勻。

2 下鹽之花、糖漬栗子碎粒拌勻。

3 拌至食材均勻分布。

4 加入 1/3 義式蛋白奶油霜。

5 用打蛋器快速拌勻。

6 加入剩餘的義式蛋白奶油霜拌勻，完成。

7 用小抹刀抹適量「栗子義式奶油霜」在餅乾上。

8 取另一片餅乾闔起，用小抹刀修飾邊緣，冷凍凍硬定型，完成~

PRODUCT 21

萊姆葡萄奶油餅

模具 橢圓形模（長6.5×寬3公分）

數量 10組

肉桂杏仁酥餅		公克
A	無鹽奶油	70
	糖粉	42
	鹽之花	1
B	蛋黃	20
C	低筋麵粉	130
	杏仁粉	10
	肉桂粉	0.5
	泡打粉	0.5

萊姆葡萄義式奶油霜		公克
A	奶油乳酪	25
	鹽之花	1
B	★ 義式蛋白奶油霜（P.72）	80
C	★ 萊姆酒葡萄	30

萊姆酒葡萄：萊姆酒浸泡葡萄乾，冷藏一個晚上，分量只要酒量夠蓋過葡萄即可。

肉桂杏仁酥餅 & 萊姆葡萄義式奶油霜作法

1 參考 P.71「No.20 栗子奶油餅」操作手法，把餅乾體製作至壓模烘烤。

2 奶油乳酪退冰至約 20℃左右，放入鋼盆中用刮刀壓軟。加入鹽之花拌勻。

3 加入 1/3 義式蛋白奶油霜，刮刀翻拌均勻。

4 加入剩餘的義式蛋白奶油霜拌勻。

5 下萊姆酒葡萄。

6 拌勻至食材均勻分布於奶油中。

7 用小抹刀抹適量「萊姆葡萄義式奶油霜」在餅乾上。

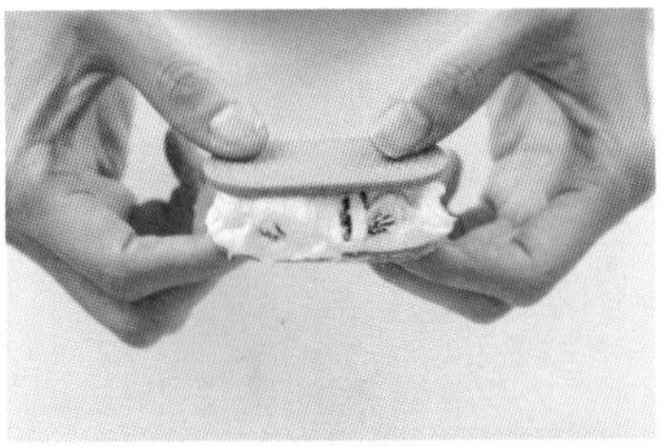

8 取另一片餅乾輕輕闔起，注意不要太大力壓，用力壓會爆開。

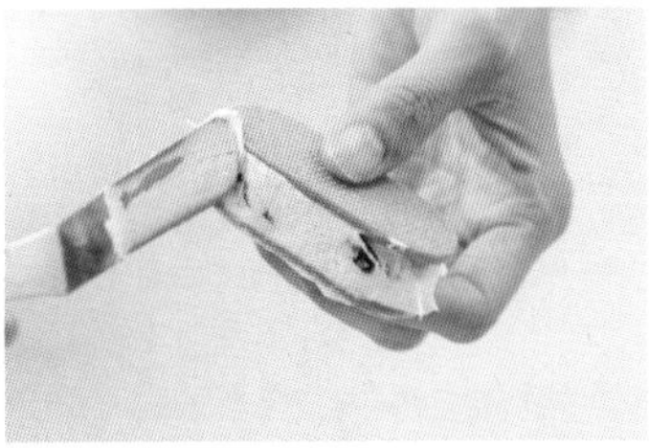

9 用小抹刀修飾邊緣，冷凍凍硬定型，完成~

PRODUCT 22

桑葚奶油餅

模具　愛心模具

數量　10組

杏仁酥餅		公克
A	無鹽奶油	70
	糖粉	42
	鹽之花	1
B	蛋黃	20
C	低筋麵粉	130
	杏仁粉	10
	泡打粉	0.5

桑葚義式奶油霜		公克
A	奶油乳酪	25
	鹽之花	1
B	桑葚果醬	20
C	★ 義式蛋白奶油霜（P.72）	80

作法

1 參考 P.71「No.20 栗子奶油餅」操作手法，把杏仁酥餅製作至壓模烘烤。

2 奶油乳酪退冰至約 20°C 左右，放入鋼盆中用刮刀壓軟。

3 加入鹽之花、桑葚果醬，以刮刀拌勻。

4 加入 1/3 義式蛋白奶油霜翻拌均勻。

5 加入剩餘的義式蛋白奶油霜，拌勻至還有些許沒有完全均勻，讓餡料顏色有層次變化，完成。

6 用小抹刀抹適量「桑葚義式奶油霜」在餅乾上。

7 取另一片餅乾輕輕闔起，注意不要太大力壓，用力壓會爆開。

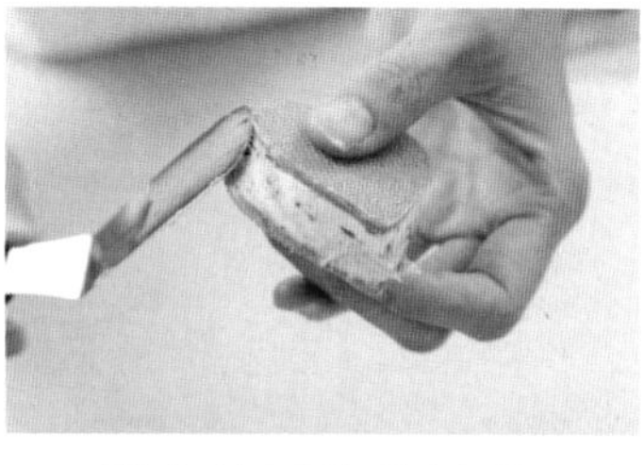

8 用小抹刀修飾邊緣，冷凍凍硬定型，完成~

PRODUCT 23

海苔堅果蛋白餅

模具　圓形模具（直徑5公分）

數量　15片

海苔法式蛋白霜

蛋白 30g
海苔粉 5g
鹽之花 1g
口感食材
烤過的松子 適量
細砂糖 30g
糖粉 30g

餅乾體作法

1 參考 P.75「No.21 萊姆葡萄奶油餅」配方作法，操作至壓模烘烤，模具使用圓形模具。

海苔法式蛋白霜作法

2 乾淨鋼盆加入蛋白，低速打至出現粗泡泡。注意所有的器具務必清洗乾淨，不可有一點油汙。

3 打至出現粗泡泡時，下一半的細砂糖，中速打至泡泡細緻一些。

海苔法式蛋白霜作法

4　下剩餘細砂糖，持續打至約 9 分發。

5　拉起後呈現堅挺狀態，整體質地呈現霧面（非亮面濕潤感）堅挺感。

6　下過篩糖粉、鹽之花翻拌均勻，拌至看不見糖粉即可。

7　下海苔粉，海苔粉不需要過篩，直接加入即可。

8　用刮刀翻拌均勻，翻拌至海苔粉均勻分布於食材中。

9　擠花袋套入花嘴（使用直徑 2 公分圓形花嘴），裝入完成的海苔法式蛋白霜。

10 在出爐的餅乾上擠適量海苔法式蛋白霜，稍後才能把松子稍微固定住。

11 撒適量烤過的松子。（生松子可以用烤箱設定上下火 100° C，烘烤 12 ~ 15 分鐘，稍微烤過即可）

12 再擠上適量海苔法式蛋白霜。

13 邊緣沾少許海苔粉。

14 送入預熱好的烤箱，設定上下火 95° C，烘烤 2.5 小時（果乾機可設定 75° C 烘烤 4 ~ 5 小時）。

15 完成 ~

PRODUCT 24

巧克力糖霜餅乾

模具　花型方模（長寬5公分）

數量　10組

巧克力杏仁酥餅		公克
A	無鹽奶油	70
	糖粉	35
	鹽之花	1
B	蛋黃	20
C	低筋麵粉	130
	榛果粉	10
	可可粉	8
	泡打粉	0.5

可可法式蛋白霜	公克
蛋白	30
細砂糖	30
糖粉	30
可可粉	2

口感食材	公克
烤過的榛果	適量
黑巧克力豆	適量

餅乾作法

- 參考 P.71「No.20 栗子奶油餅」操作手法，把餅乾製作至壓模烘烤。
- 口感食材，生的榛果可以用烤箱設定上下火 100° C，烘烤 12 ~ 15 分鐘，稍微烤過即可。

秘訣 1！用聖多諾黑花嘴的方法，修剪擠花袋

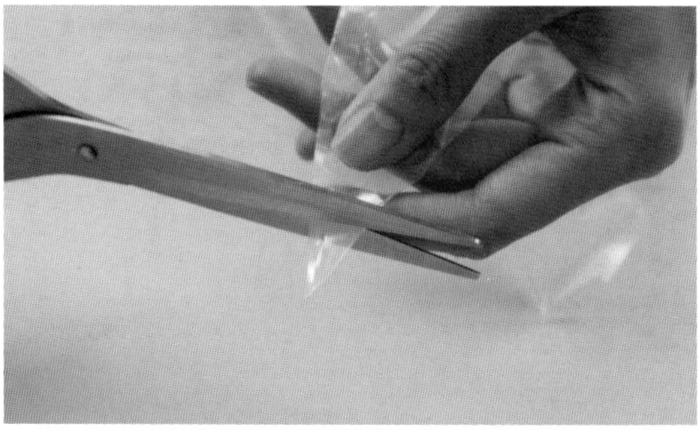

1 於擠花袋尖端平剪一刀。

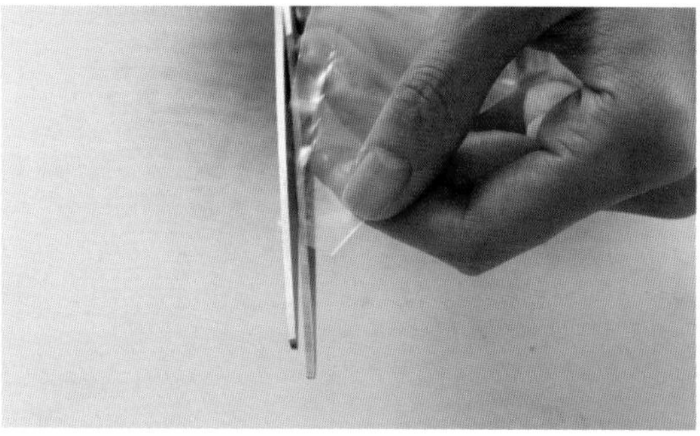

2 側面斜著修剪一刀，注意剪的時候要讓缺口斜著剪一刀，擠出來才會有紋路。

可可法式蛋白霜作法

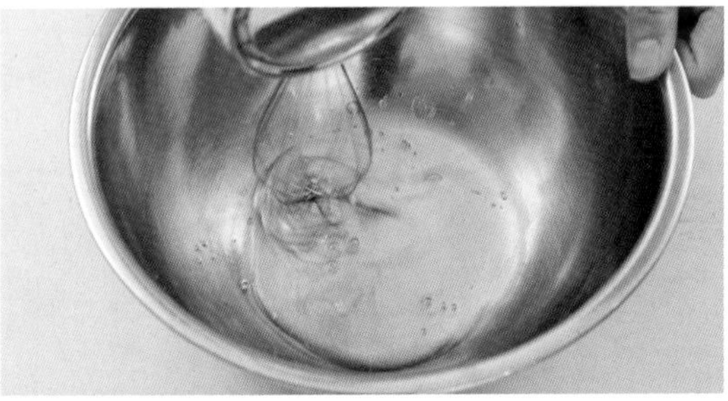

1 乾淨鋼盆加入蛋白，低速打至出現粗泡泡。注意所有的器具務必清洗乾淨，不可有一點油汙。

2 打至出現粗泡泡時，下一半的細砂糖，中速打至泡泡細緻一些。

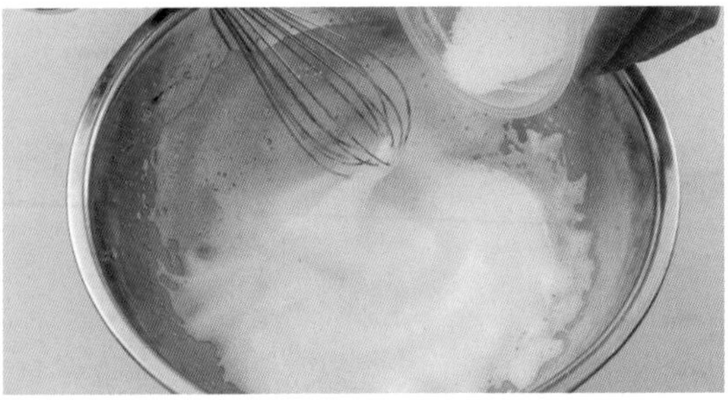

3 下剩餘細砂糖，持續打至約 9 ~ 10 分發。

可可粉中含有可可脂，拌勻的時候會導致蛋白霜消泡，因此這款的蛋白霜要打到比較發。

4 拉起後呈現堅挺狀態，整體質地呈現霧面（非亮面濕潤感）堅挺感。

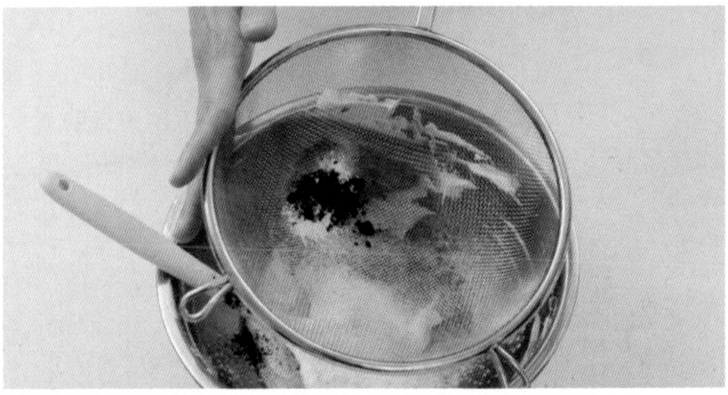

5 把糖粉、可可粉混合過篩，篩入鋼盆中。

6 用刮刀翻拌均勻，拌至看不見糖粉即可。

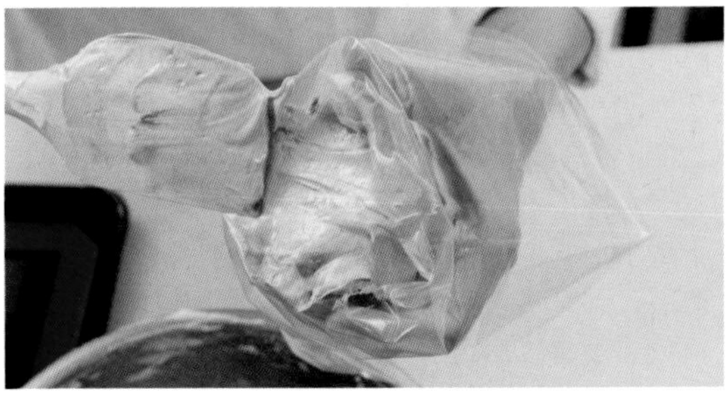

7 可可法式蛋白霜裝入擠花袋，袋子參考P.83「聖多諾黑花嘴方法」修剪。

8 在出爐的餅乾上擠適量可可法式蛋白霜，稍後才能把食材稍微固定住。

9 撒少許黑巧克力豆、烤過切碎的榛果。

10 表面不間斷擠閃電狀可可法式蛋白霜，擠的時候不用擠到滿出餅乾，以塊面大致填滿為原則即可。

11 再次撒烤過的榛果，送入預熱好的烤箱，設定上下火 95° C，烘烤 2.5 小時（果乾機可設定 75° C 烘烤 4 ~ 5 小時）。

Topics 4

擠花餅乾

PRODUCT 25

維也納螺旋酥餅

模具　星型八齒花嘴

數量　一盤

餅乾體	公克
無鹽奶油	100
純糖粉	50
雞蛋	20
低筋麵粉	110
玉米粉	25
全脂奶粉	15

作法

1 無鹽奶油退冰至約 20°C 左右，放入鋼盆中用刮刀壓軟。

2 加入純糖粉，刮刀壓拌均勻。

3 拌勻至看不見糖粉，糖融入奶油中。

4 下打散的雞蛋液。

5 拌勻至雞蛋與奶油乳化均勻。

6 下過篩低筋麵粉、過篩玉米粉、過篩全脂奶粉。

7 刮刀翻拌均勻，拌勻至看不見粉粒。

8 擠花袋套入花嘴，裝入麵糊，頂端剪一刀。

9 在矽膠孔洞烤焙墊擠 6 公分螺旋造型，送入預熱好的烤箱，設定上下火 170° C，烘烤 15 ~ 20 分鐘。

PRODUCT 26

原味擠花餅乾

模具　星型十六齒花嘴

數量　一盤

孔雀餅乾　　公克

A	發酵奶油	60
	鹽之花	1
	糖粉	30
B	蛋白	10
C	低筋麵粉	75
D	酒漬櫻桃	些許
	生胡桃	些許
	生榛果	些許

作法

1 發酵奶油退冰至約 20°C 左右，放入鋼盆中用刮刀壓軟。

2 加入鹽之花、過篩糖粉拌勻，加入蛋白拌勻。

3 拌勻至看不見糖粉，糖融入奶油中。下過篩低筋麵粉。

4 刮刀翻拌均勻，拌勻至看不見粉粒，裝入套上花嘴的擠花袋中。

5 烤盤鋪矽膠孔洞烤焙墊，第一個造型擠圓形。

6 中心放上酒漬櫻桃。

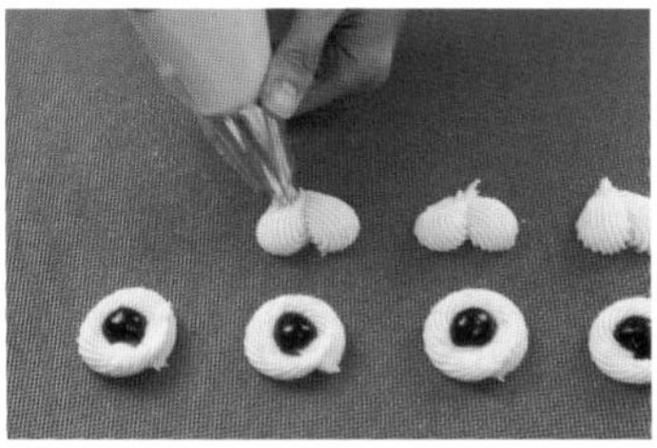

7 第二個造型擠兩個水滴拼成愛心形狀。

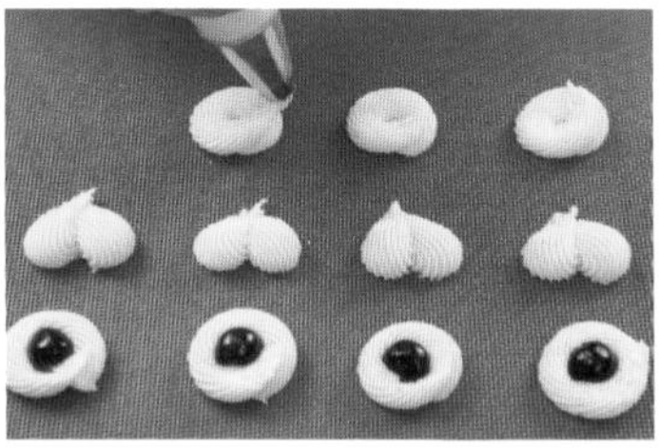

8 第三個造型再擠圓形。

9 中心放生胡桃或生榛果。送入預熱好的烤箱，設定上下火 155 ~ 160° C，烘烤 12 ~ 13 分鐘。

PRODUCT 27

巧克力維也納榛果酥餅

模具　星型十六齒花嘴

數量　一盤

材料

	材料	公克
A	無鹽奶油	100
	純糖粉	50
	雞蛋	20
B	低筋麵粉	110
C	可可粉	10
D	玉米粉	10
	全脂奶粉	15

裝飾

生榛果	適量

作法

1 無鹽奶油退冰至約 20˚C 左右，放入鋼盆中用刮刀壓軟。

2 加入過篩純糖粉，拌匀至看不見糖粉，糖融入奶油。

3 把雞蛋均勻打散，倒入鋼盆中。

4 拌勻至雞蛋與奶油乳化均勻。

5 加入過篩低筋麵粉、過篩可可粉、過篩玉米粉、過篩全脂奶粉。

6 刮刀拌勻至無粉粒的狀態，材料均勻成團，可可粉顏色釋出。

7 擠花袋套入花嘴，裝入麵糊，間距相等擠上矽膠孔洞烤焙墊。

8 巧克力會比較吸水，所以這款會比原味的更不好擠一點點。頂端放一顆生榛果。

9 送入預熱好的烤箱，設定上下火 170° C，烘烤 15 分鐘。

PRODUCT 28

巧克力維也納長條酥餅

模具 星型十六齒花嘴

數量 一盤

材料	公克		公克
無鹽奶油	100	可可碎豆	適量
純糖粉	50	鹽之花	適量
雞蛋	20		
低筋麵粉	110		
可可粉	10		
玉米粉	10		
全脂奶粉	15		

作法

1 無鹽奶油退冰至約 20°C 左右，放入鋼盆中用刮刀壓軟。

2 加入過篩純糖粉，拌勻至看不見糖粉，糖融入奶油。

3 把雞蛋均勻打散，倒入鋼盆中。

4 拌勻至雞蛋與奶油乳化均勻。

5 加入過篩低筋麵粉、過篩可可粉、過篩玉米粉、過篩全脂奶粉。

6 刮刀拌勻至無粉粒的狀態，材料均勻成團，可可粉顏色釋出。

7 擠花袋套入花嘴，裝入麵糊，間距相等擠上矽膠孔洞烤焙墊。

8 巧克力會比較吸水，所以這款會比原味的更不好擠一點點。

9 表面撒可可碎豆、鹽之花。送入預熱好的烤箱，設定上下火 170° C，烘烤 15 分鐘。

PRODUCT 29

巧克力擠花羅米雅

模具　羅米亞花嘴

數量　一盤

材料		公克
A	發酵奶油	125
	糖粉	50
	鹽之花	1
B	蛋白	20
C	低筋麵粉	135
D	可可粉	8

參考 P.59「羅米亞杏仁焦糖」配方作法，製作 2.5g ／份的焦糖塊。

作法

1 發酵奶油退冰至約 20°C 左右，放入鋼盆中用刮刀壓軟。

2 加入鹽之花、過篩細緻的糖粉。

3 拌勻至看不見糖粉，糖融入奶油。

4 下溫度約 20°C 的蛋白，材料太冷容易跟奶油分離，建議預先退冰。

5 拌勻至蛋白完全與奶油結合，沒有分離之感即可。

6 下過篩低筋麵粉、過篩可可粉。

7 刮刀拌勻至無粉粒的狀態，材料均勻成團，可可粉顏色釋出。

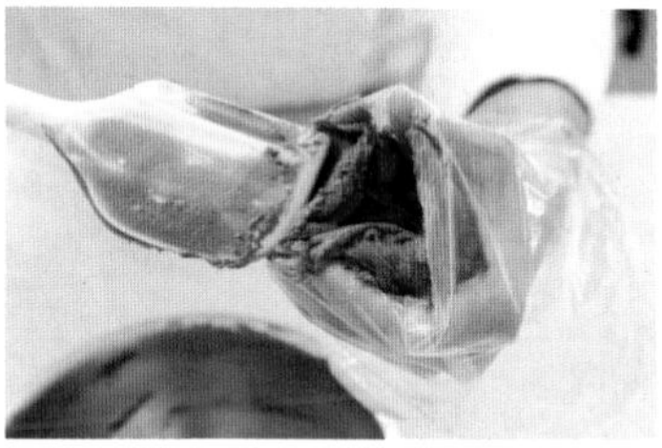

8 擠花袋套入花嘴，裝入麵糊。

9 間距相等擠上不沾烤盤。

10 花嘴緊貼烤盤，用穩定的速度與力道慢慢擠出麵糊。

11 擠的時候如果角度有鬆動、旋轉，餅乾的樣式也會隨之不同，建議平上平下。

12 中心放入一塊 2.5g 羅米亞杏仁焦糖。送入預熱好的烤箱，設定上下火 160° C，烘烤 15 分鐘。

PRODUCT 30

玫瑰咖啡餅乾

模具 星型十六齒花嘴

數量 一盤

材料		公克
A	發酵奶油	60
	糖粉	30
	鹽之花	1
B	蛋白	12
C	自製濃縮咖啡液	7.5
D	低筋麵粉	75
E	可可碎	適量
	防潮糖粉	適量

- 材料 B 全用蛋白會比較硬脆；蛋黃比較酥鬆；全蛋介於兩者之間。材料 B 可以自由替換哦！
- 將 espresso 咖啡放入煮鍋，濃縮到原本的 1/6 即是自製濃縮咖啡液。

作法

1 家裡有設備者可以自製濃縮黑咖啡使用，若無可替換成「市售黑咖啡液」。

2 發酵奶油退冰至約 20°C 左右，放入鋼盆中用刮刀壓軟。

3 加入糖粉、鹽之花，刮刀拌勻至看不見糖粉，糖融入奶油中。

4 下蛋白液，拌勻至材料充分結合。

5 下市售濃縮咖啡液，拌勻至材料充分結合，咖啡顏色釋出。

6 下過篩低筋麵粉。

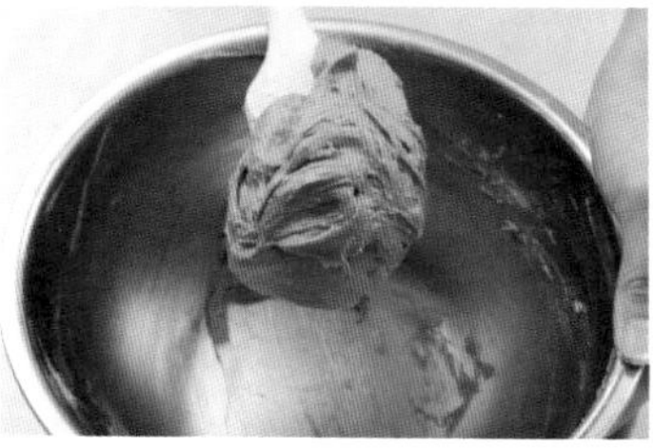

7 刮刀切拌均勻，拌勻至看不見粉粒。

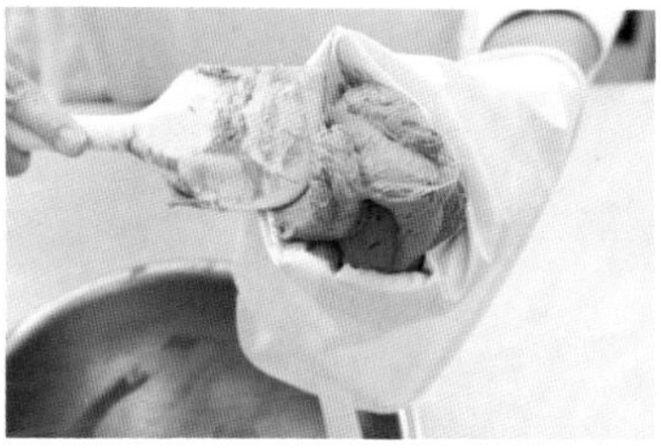

8 擠花袋套入花嘴，裝入麵糊，頂端剪一刀。

9 烤盤鋪上矽膠孔洞烤焙墊，造型 1 擠圓形造型。

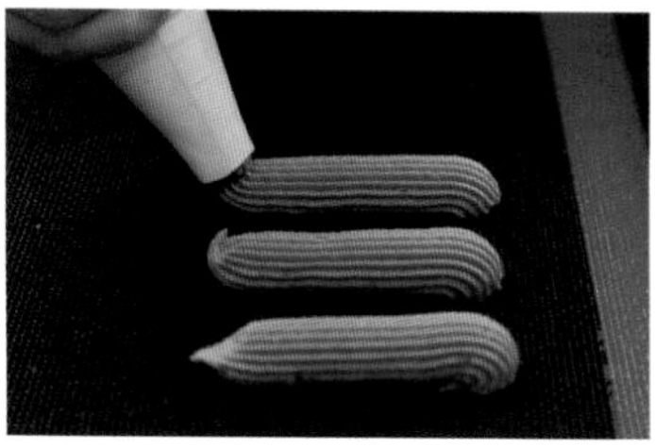

10 造型 2 擠 6 公分長條造型。

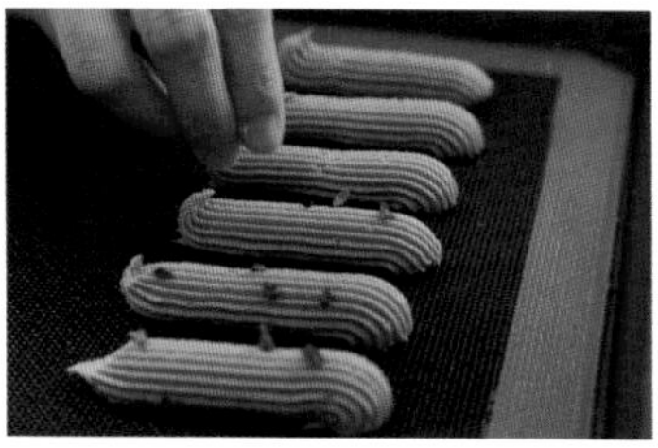

11 表面撒適量可可碎。送入預熱好的烤箱，設定上下火 160° C，烘烤 15 分鐘。

12 出爐放涼，篩適量防潮糖粉即完成~

PRODUCT 31

草莓棒

模具 895單欄鋸齒花嘴

數量 一盤

● 材料 A ● 材料 B ● 材料 C ● 材料 D

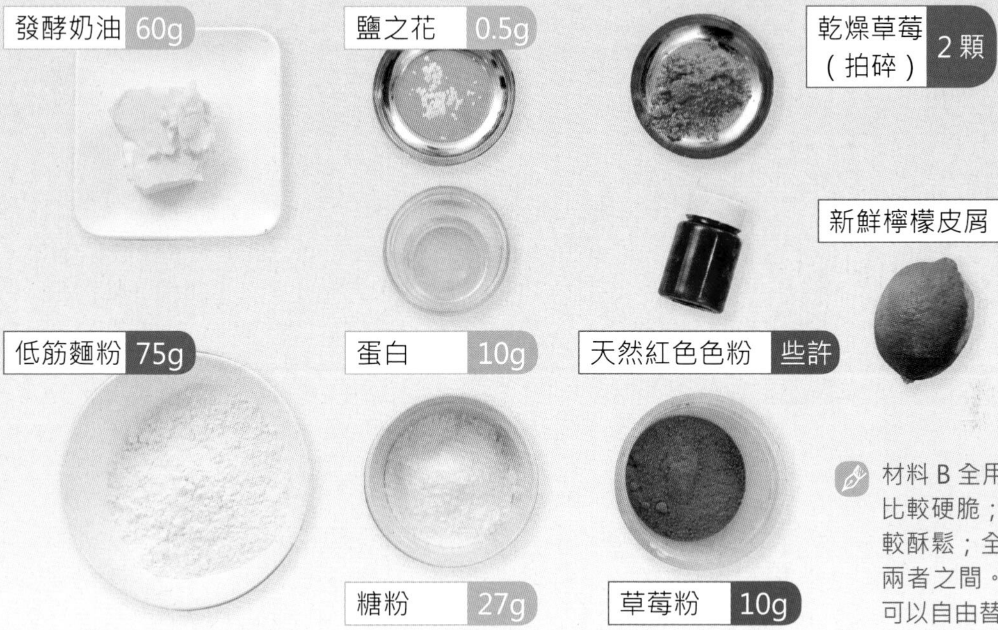

- 發酵奶油 60g
- 低筋麵粉 75g
- 鹽之花 0.5g
- 蛋白 10g
- 糖粉 27g
- 乾燥草莓（拍碎）2 顆
- 天然紅色色粉 些許
- 草莓粉 10g
- 新鮮檸檬皮屑 1g

材料 B 全用蛋白會比較硬脆；蛋黃比較酥鬆；全蛋介於兩者之間。材料 B 可以自由替換哦！

作法

1 發酵奶油退冰至約 20°C 左右，放入鋼盆中用刮刀壓軟。

2 加入糖粉、鹽之花，刮刀拌勻至看不見糖粉，糖融入奶油中。

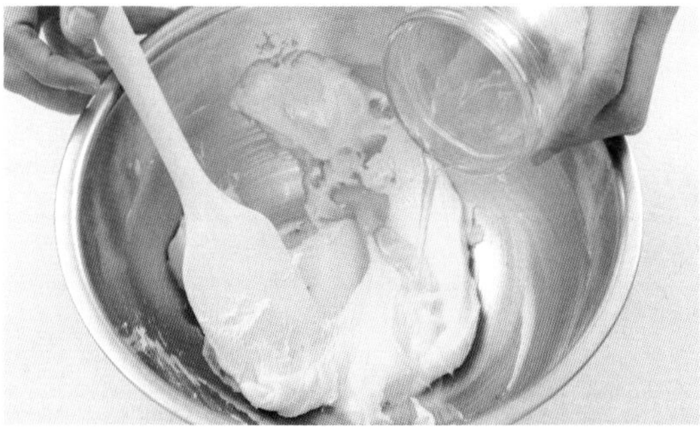

3 下蛋白液，拌勻至材料充分結合。

4 下草莓粉，粉可以預先過篩避免拌不勻。

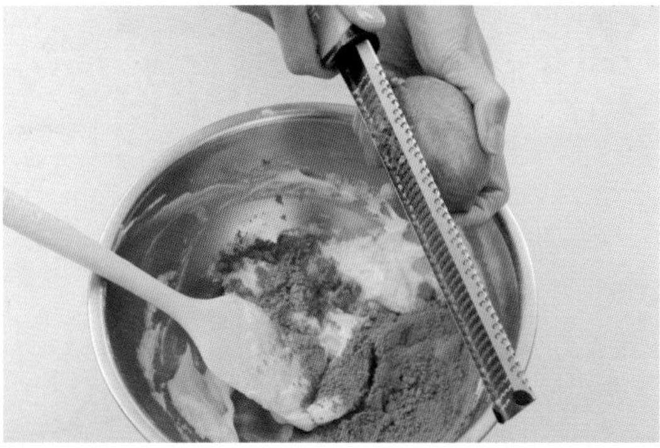

5 拌勻前刨新鮮檸檬皮屑，太早刨會氧化變色。

6 下天然紅色色粉，拌勻至看不見粉粒，顏色釋出。

7 下過篩低筋麵粉、拍碎的乾燥草莓。

8 刮刀拌勻至看不見粉粒。

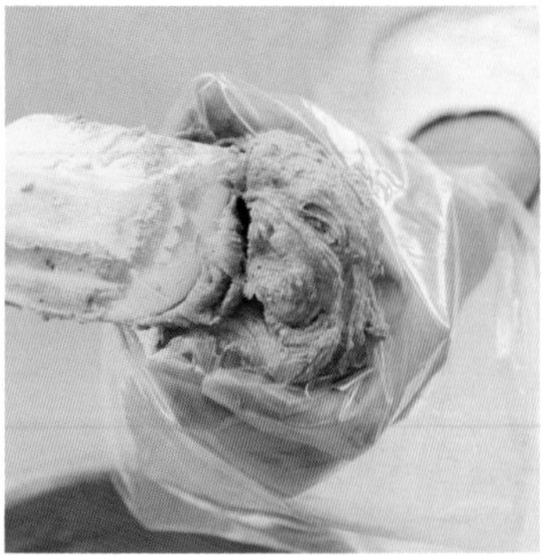

9 擠花袋套入花嘴，裝入麵糊，頂端剪一刀。

10 烤盤布擠長條或方形，長度不限。

11 花嘴平行，橫向擠 3 公分，方形擠法。

新鮮檸檬皮屑、拍碎的乾燥草莓（草莓粉）要處理的足夠細小，避免卡住花嘴。

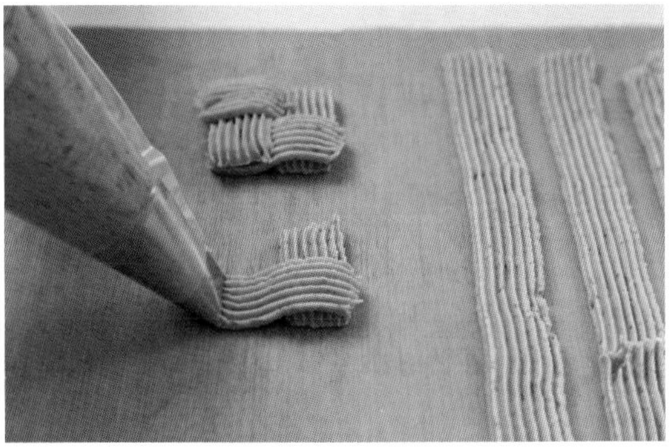

12 把烤盤布轉九十度，橫向擠 3 公分。

13 烤盤布轉九十度，再橫向擠 3 公分。

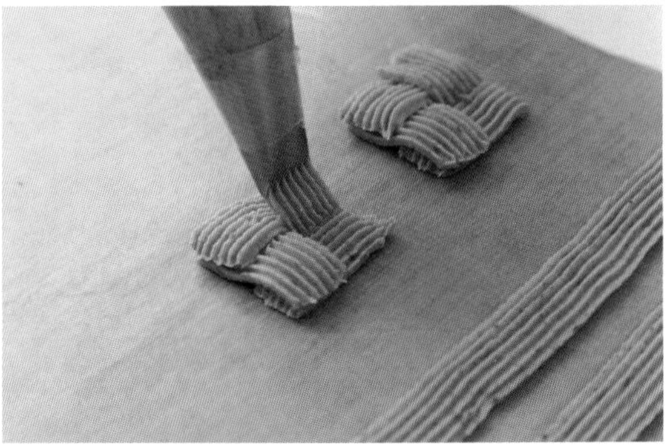

14 烤盤布轉九十度，橫向擠 1.5 公分。

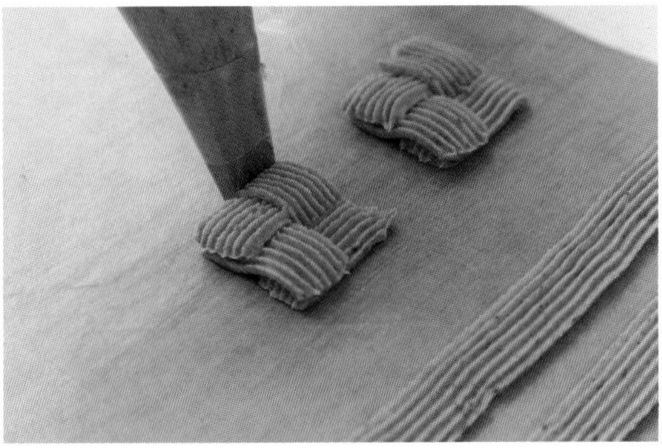

15 頭尾盡可能銜接在接縫處。

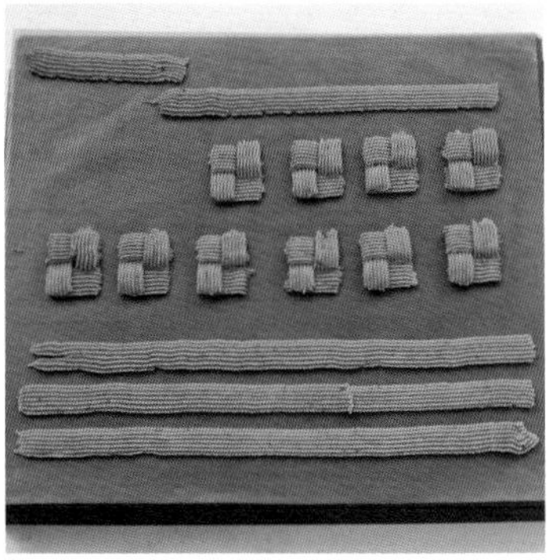

16 送入冰箱冷凍 4 小時，讓餅乾定型。

17 冷凍後取長條分切，長度切大約 6 公分即可。

18 把造型餅乾邊邊不平整處切掉，或磨均勻些。送入預熱好的烤箱，設定上下火 130° C，烘烤 20 分鐘。

PRODUCT 32

權杖餅乾

模具 無

數量 一盤

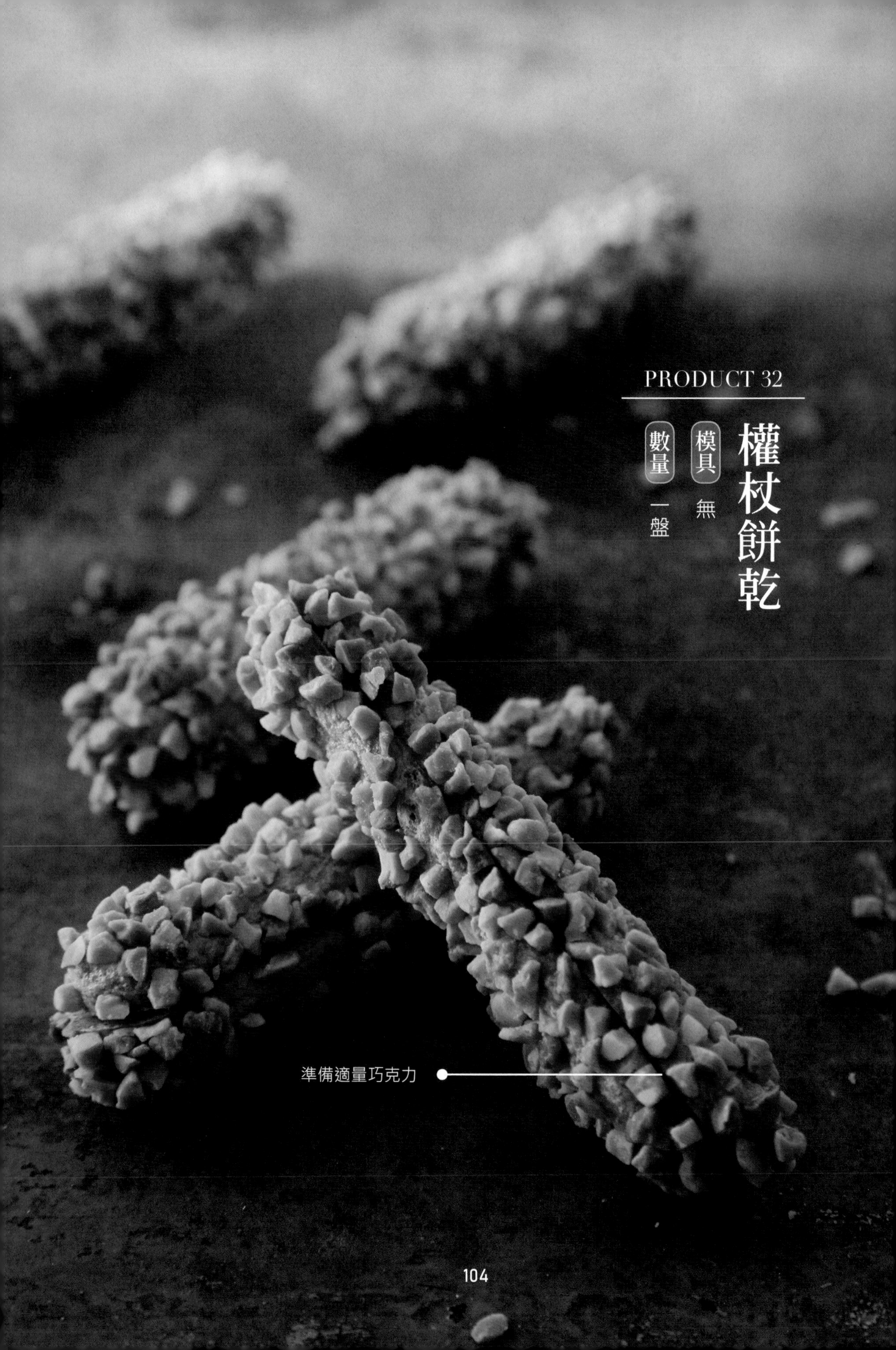

● 材料 A ● 材料 B ● 材料 C

作法

1 乾淨鋼盆加入蛋白。

2 低速打至出現粗泡泡，下一半的細砂糖。

3 中速打至泡泡細緻一些，下剩餘細砂糖。

4 持續打至約 7 ~ 8 分發。

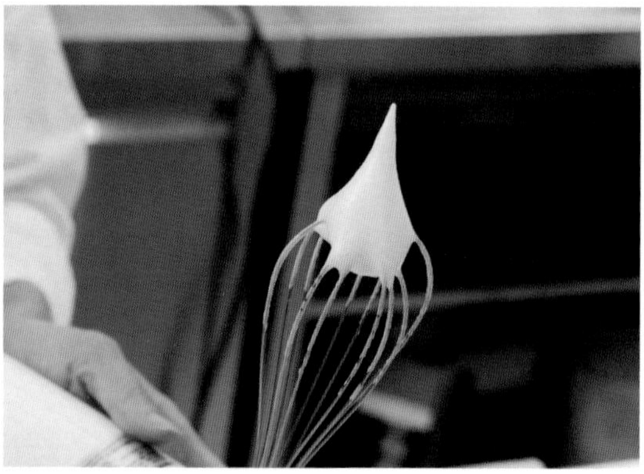

5　拉起後呈現堅挺狀態，整體質地呈現微微的亮、霧面濕潤感。

6　注意所有的器具務必清洗乾淨，不可有一點油汙。

7　下過篩低筋麵粉、過篩糖粉、過篩杏仁粉。

8　刮刀沿著鋼盆底部朝中心翻拌。

9　手法務必輕柔不可拌過頭導致消泡。拌勻到看不到粉類即可，蛋白還是堅挺的狀態。

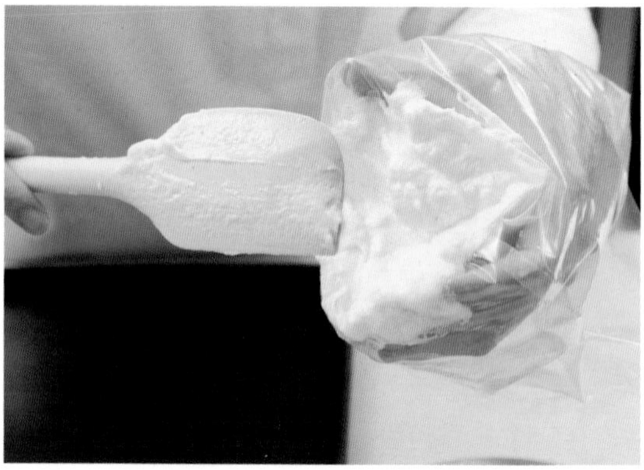

10　刮刀仔細裝入擠花袋中，麵糊與麵糊之間盡可能不要有空氣。

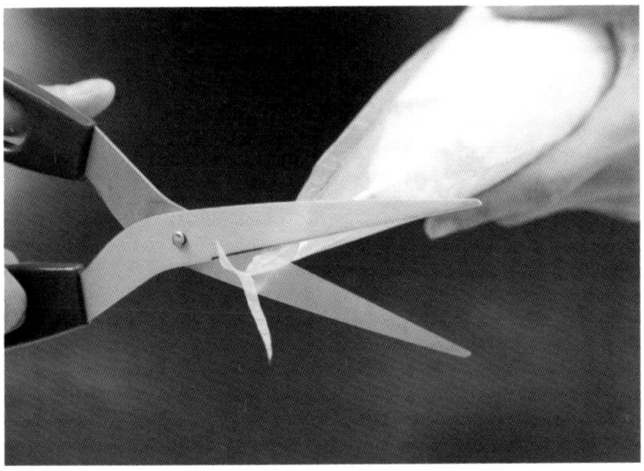

11 頂端平剪一刀。

12 間距相等擠上不沾烤盤，擠 8 公分長條造型。

13 均匀撒上生杏仁角。

14 送入預熱好的烤箱，設定上下火 170° C，烘烤 10 ~ 15 分鐘。

15 先選出大小差不多，兩兩成對的權杖餅乾，中心擠適量融化巧克力。

16 闔上另一片權杖餅乾，完成~

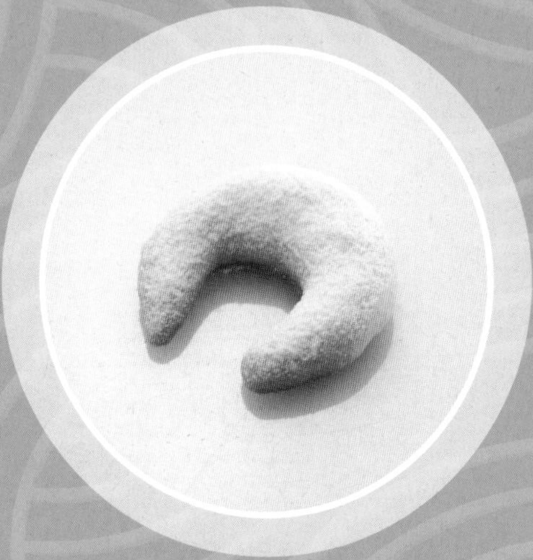

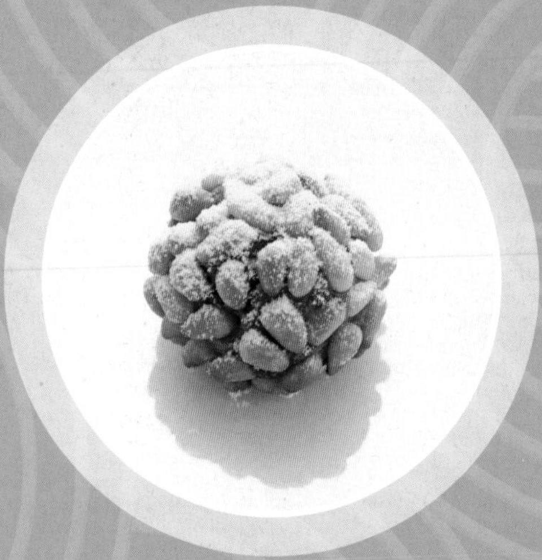

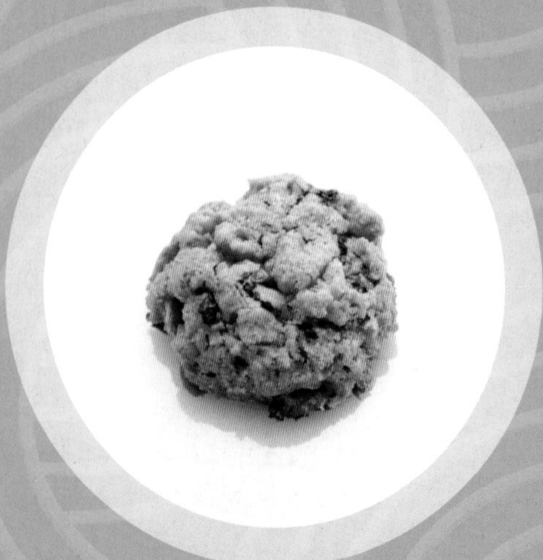

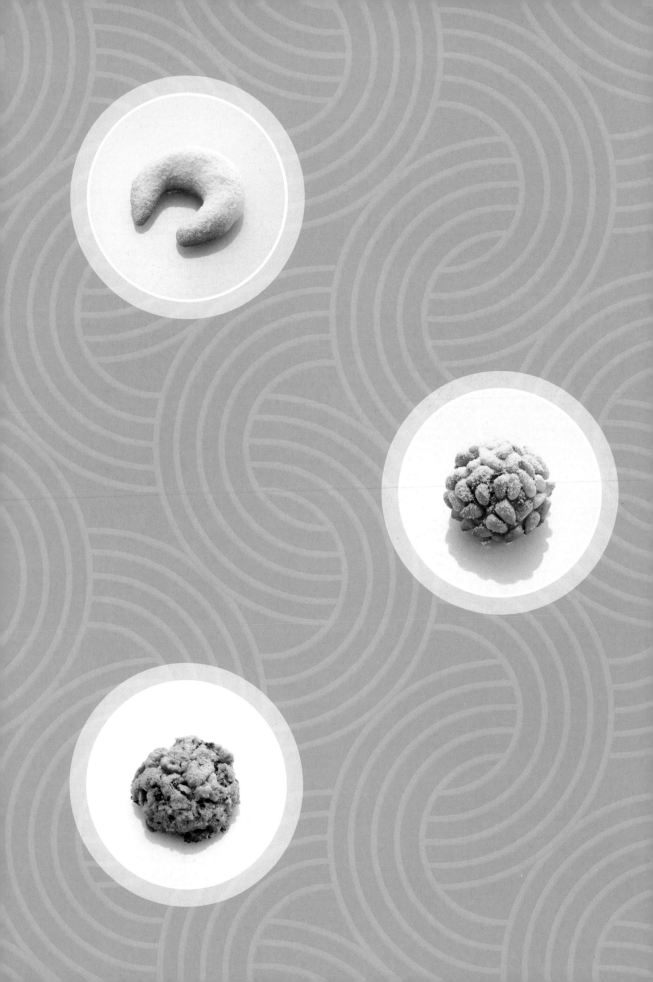

Topics 5
手工餅乾

PRODUCT 33

新月餅乾

模具 無

數量 8克（17～18顆）

麵團	公克
無鹽奶油	50
純糖粉	15
杏仁粉	25
低筋麵粉	40
玉米粉	15

裝飾	公克
純糖粉	適量

作法

1 無鹽奶油退冰至約 20°C 左右，放入鋼盆中用刮刀壓軟。

2 加入純糖粉，刮刀拌勻至看不見糖粉。

3 純糖粉充分融入奶油中，看不見粉粒。

4　下過篩杏仁粉、過篩低筋麵粉、過篩玉米粉，刮刀切拌均勻。

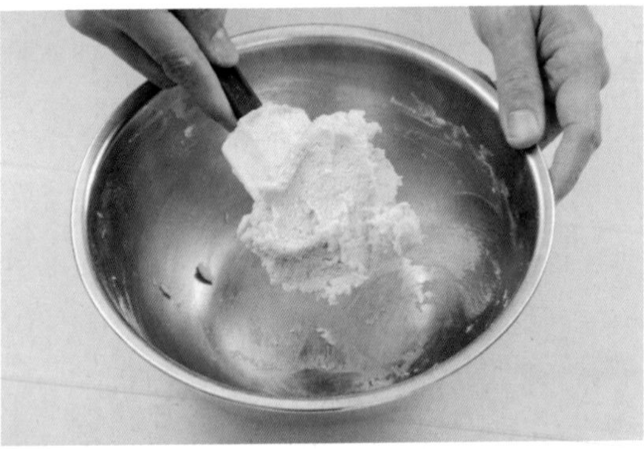

5　拌勻至看不見粉粒。

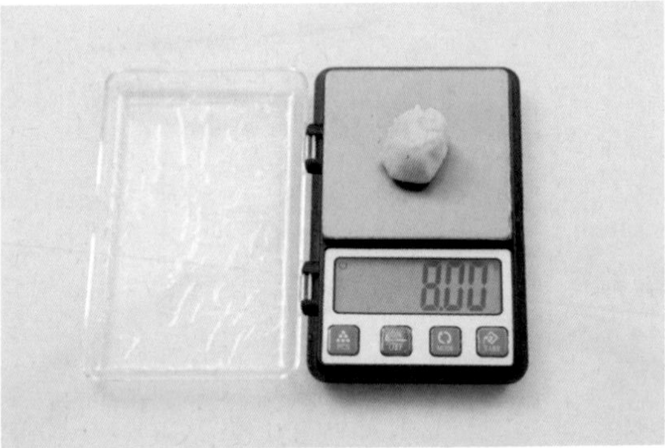

6　用切麵刀分割 8g，先搓成圓形。

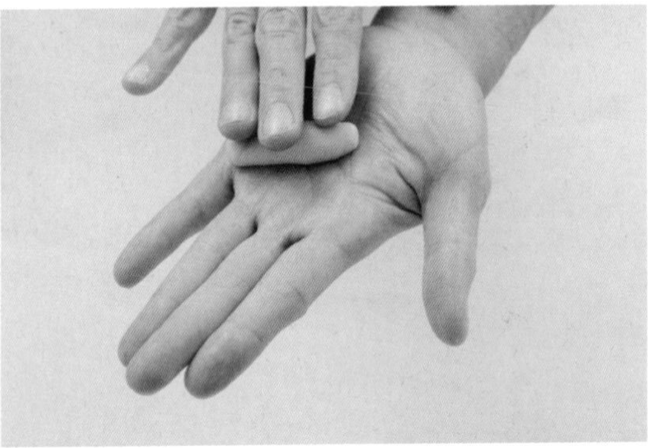

7　用手指輕輕搓長，搓成中間胖兩端薄的模樣。

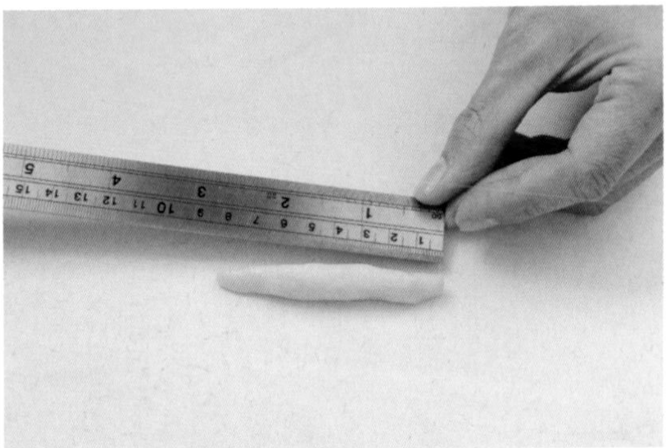

8　長度約 8 公分。

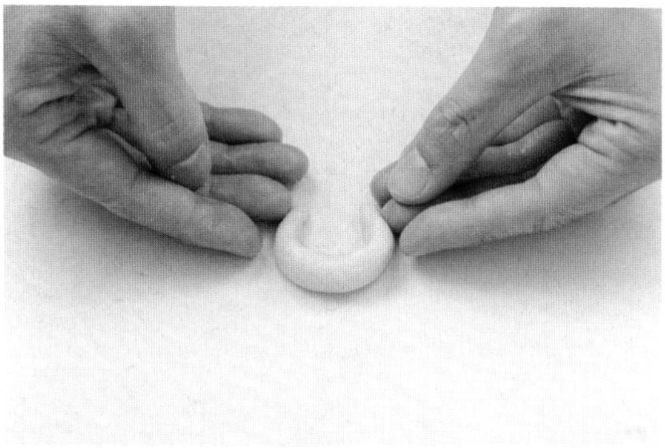

9 頭尾繞成新月形。

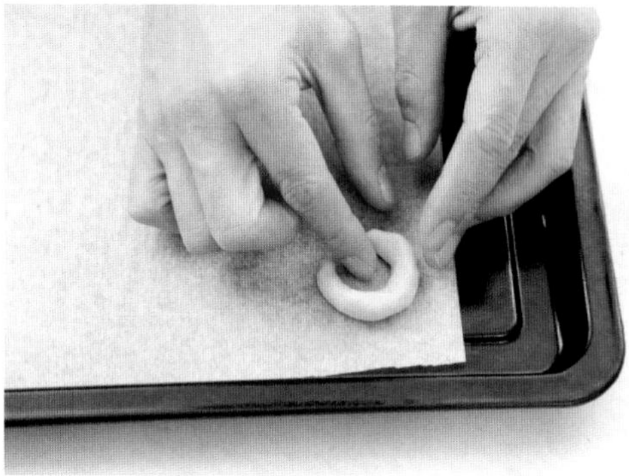

10 烤盤鋪上烤盤紙，放上新月形麵團。

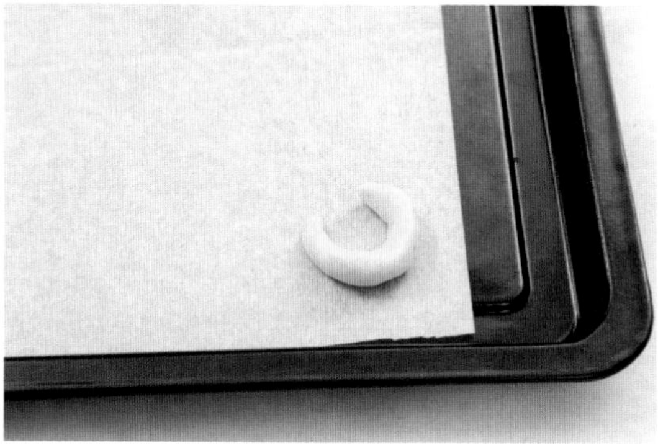

11 間距相等排入，表面篩上純糖粉。

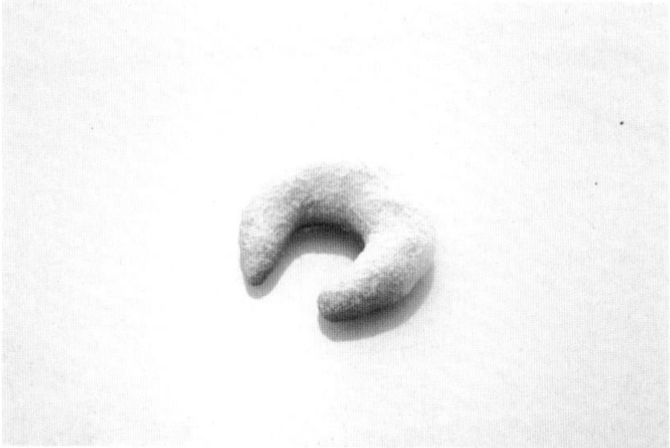

12 送入預熱好的烤箱，設定上下火 160° C，烘烤 15 ~ 20 分鐘。

13 出爐放涼，再篩一層厚厚的純糖粉，完成~

PRODUCT 34

帕瑪森紅椒雪球

模具　無

數量　10克（26顆）

材料 A	公克
發酵奶油	90
糖粉	16
帕瑪森起司粉	22
紅椒粉	8
鹽之花	0.5

材料 B	公克
低筋麵粉	125

裝飾	公克
防潮糖粉	50
紅椒粉	3

作法

1 發酵奶油退冰至約 20°C 左右，放入鋼盆中用刮刀壓軟。

2 加入糖粉、帕瑪森起司粉、紅椒粉、鹽之花。

3 刮刀拌至粉類食材充分融入奶油中，看不見粉粒且顏色釋放。

4 下過篩低筋麵粉，粉類務必過篩避免結顆粒拌不勻。

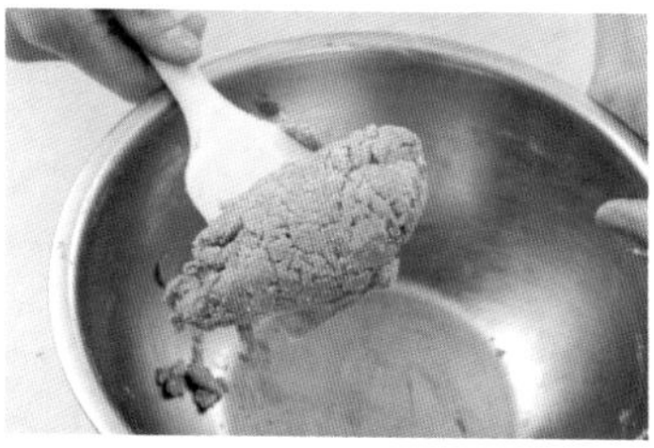

5 刮刀切拌均勻，拌勻至看不見粉粒。

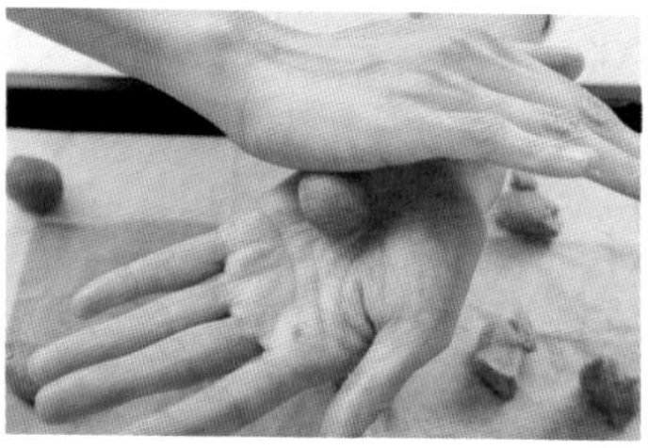

6 用切麵刀分割 10g，搓圓，間距相等放上鋪上烤焙紙的烤盤。

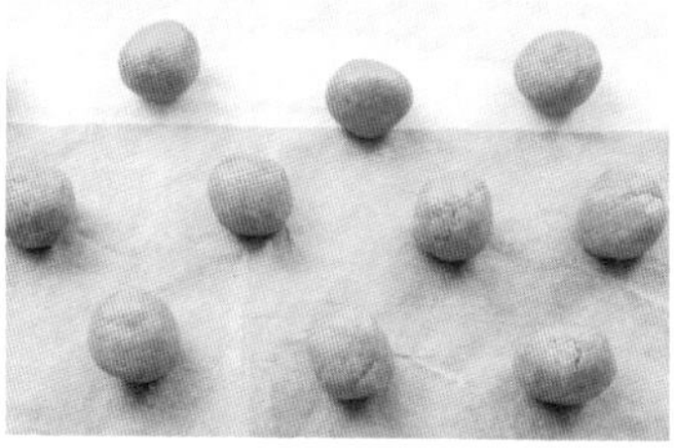

7 送入預熱好的烤箱，設定上下火 150° C，烘烤 15 分鐘。

8 出爐後建議放一天，放涼再裹上混勻的裝飾粉類。當天烤出來的產品會吸收濕氣，立刻裹粉糖粉可能被吸收，想要維持造型不變化，建議隔天裹粉比較可以維持乾爽的表面。

PRODUCT 35

松子球

模具　無

數量　10克（20顆）

材料 A	公克	材料 B	公克	裝飾	公克
蛋白	60	低筋麵粉	10	防潮糖粉	適量
糖粉	30	杏仁粉	100		
鹽之花	0.5	松子	120		
蜂蜜	18				

作法

1 乾淨鋼盆加入蛋白。

2 加入糖粉、鹽之花、蜂蜜，以打蛋器拌勻。

3 鋼盆架上篩網，倒入低筋麵粉、杏仁粉。

4 把粉類混合過篩至鋼盆中，避免粉類結粒拌不勻。

5 用打蛋器快速拌勻，拌至看不見粉粒。

6 先用一支湯匙挖取約 10g 左右的麵糊，另一支湯匙輔助塑型，裹上松子。

7 烤盤鋪上烤盤布。麵糊直接用手捏會黏手，先放入松子堆裹勻後再搓圓，間距相等排入烤盤布。

8 送入預熱好的烤箱，設定上下火 170° C，烘烤 20 分鐘。

9 出爐放涼，表面篩適量防潮糖粉，完成~

PRODUCT 36

肉桂核桃巧克力餅乾

模具　無

數量　冰淇淋勺40克（約6顆）

材料

	材料	公克
A	無鹽奶油	40
	二砂糖	40
	肉桂粉	2
B	雞蛋	20
C	低筋麵粉	40
	杏仁粉	15
D	生核桃	60
	苦甜巧克力豆	40

作法

1 無鹽奶油退冰至約 20˚C 左右，放入鋼盆中用刮刀壓軟。

2 加入二砂糖、肉桂粉拌勻，拌均至糖顆粒均勻散佈於奶油中（不溶化），肉桂粉完全融化。

3 把雞蛋均勻打散，倒入鋼盆中，拌勻至雞蛋與奶油乳化均勻。

4 下過篩低筋麵粉、過篩杏仁粉，以刮刀拌勻至看不見粉粒的狀態。

5 下生核桃、苦甜巧克力豆。

6 拌均至材料均勻散佈於麵糊中。

7 烤盤鋪上烤焙紙，準備一個冰淇淋勺。

用冰淇淋勺整形會比傳統整形方法快很多。

8 用冰淇淋勺挖取麵糊，間距相等扣在烤焙紙上，間距要開一點，這款麵糊烘烤會攤開。

9 送入預熱好的烤箱，設定上下火 170° C，烘烤 20 ~ 25 分鐘。如果希望它扁一點點，烘烤中途可以開爐用抹刀稍微按平。

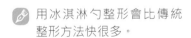

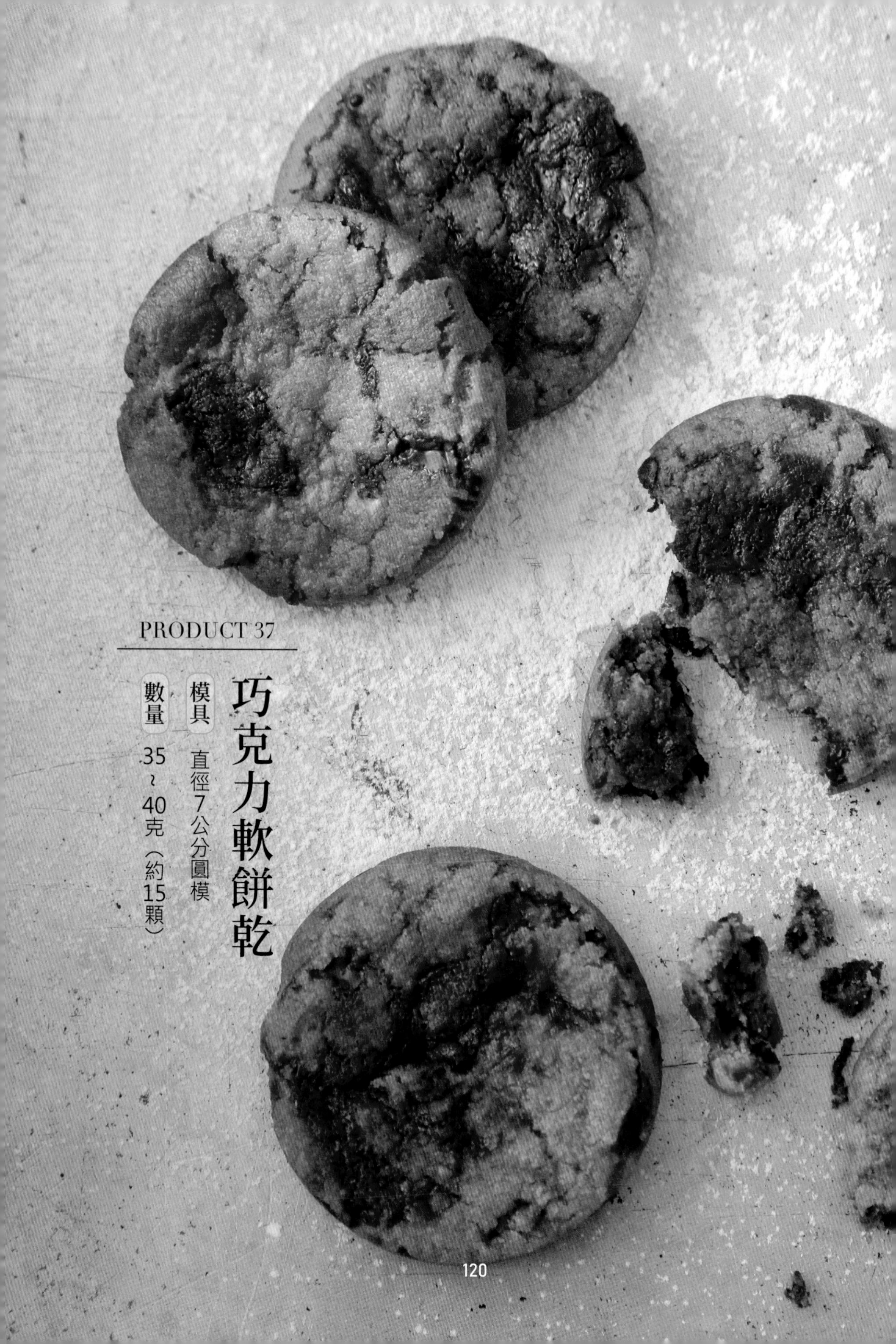

PRODUCT 37

巧克力軟餅乾

模具 直徑7公分圓模

數量 35~40克（約15顆）

材料

作法

1 發酵奶油退冰至約 20°C 左右，放入鋼盆中用刮刀壓軟。

2 加入二砂糖、黑糖、鹽之花。

3 以刮刀拌至黑糖融化，二砂糖均勻分布於奶油中。

4 把雞蛋均勻打散，倒入鋼盆中。

5　拌勻至雞蛋與奶油乳化均勻。

6　鋼盆架上篩網，倒入低筋麵粉、小蘇打粉過篩。

7　以刮刀拌至無粉粒。

8　下巧克力豆。

9　拌勻至巧克力豆均勻分布於材料中即可。

10　造型 1：分割 35 ~ 40g，搓圓，不沾烤盤間距相等放上圓模與麵團。

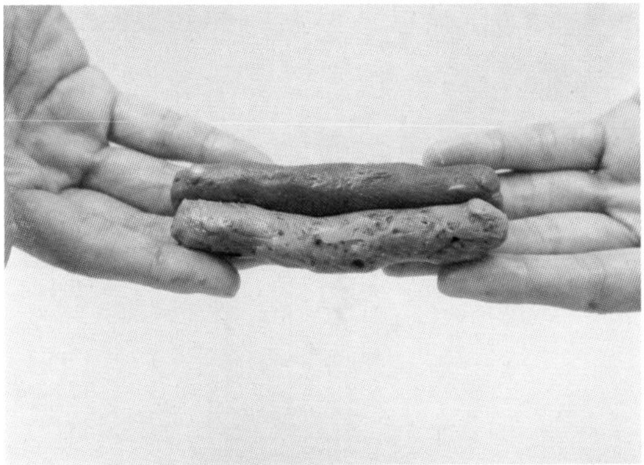

11 造型 2：可以用 P.124~127「No.38 覆盆子草莓巧克力軟餅乾」做雙色口味造型。

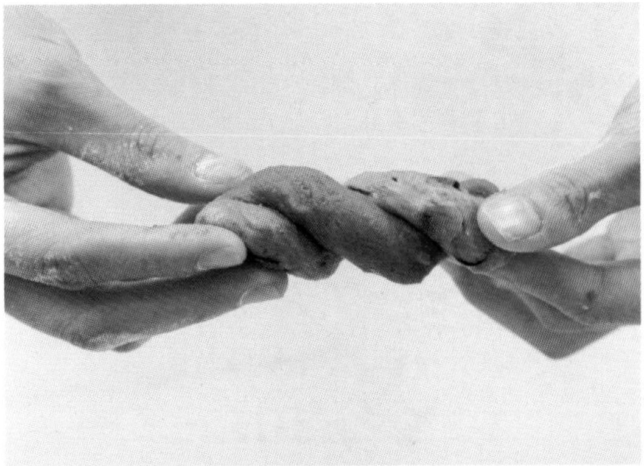

12 兩種口味分別分割 17 ~ 20g，分別搓成長條，扭轉成麻花狀。

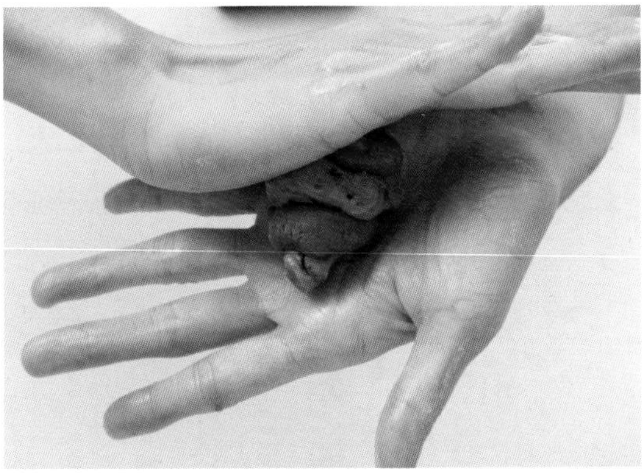

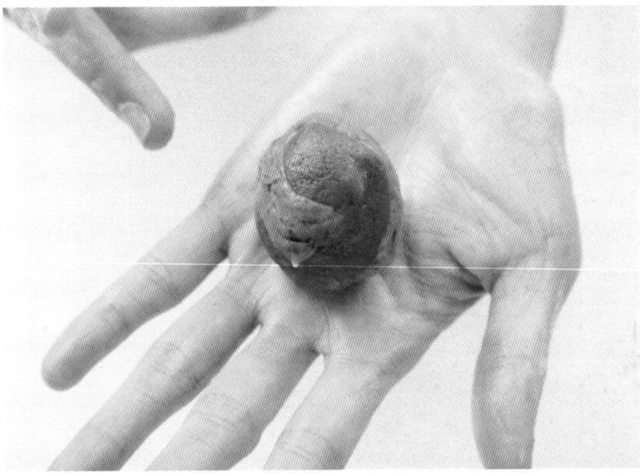

13 扭轉成麻花狀後，先摺成小球，雙手再搓成圓球狀，注意不要搓得太均勻，要看的到兩種麵團的邊界。整形全程不要操作太久，避免奶油麵團被手溫融化。

14 不沾烤盤間距相等放上圓模與麵團，送入預熱好的烤箱，設定上下火 180° C，烘烤 5 分鐘。

15 如果希望它扁一點點，烘烤 5 分鐘後開爐用抹刀稍微按平，續烤 4 ~ 5 分鐘。

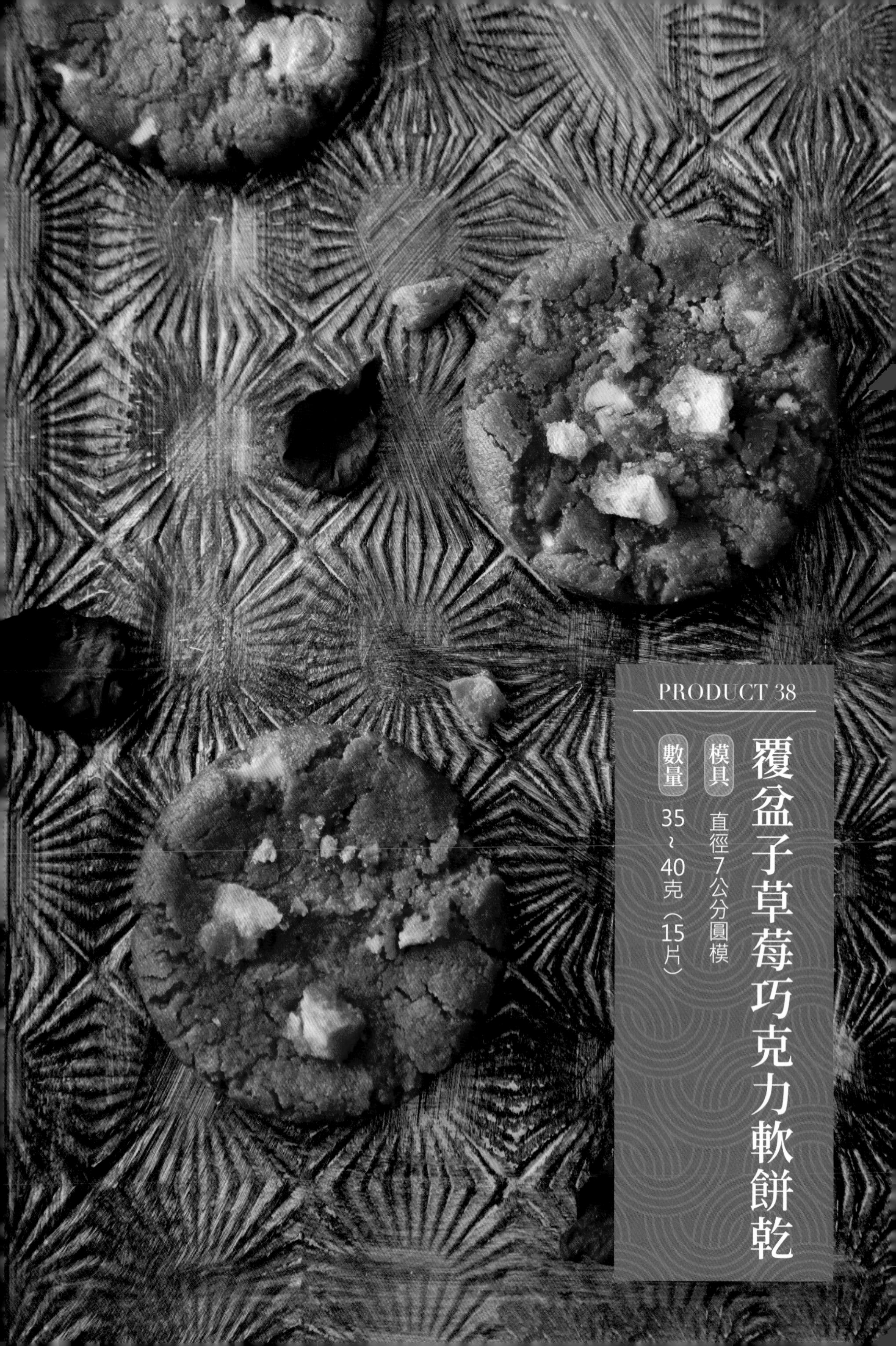

PRODUCT 38

覆盆子草莓巧克力軟餅乾

模具 直徑7公分圓模

數量 35~40克（15片）

材料

- 發酵奶油 125g
- 小蘇打粉 1.5g
- 覆盆子粉 25g
- 草莓粉 25g
- 細砂糖 40g
- 鹽之花 1.7g
- 低筋麵粉 146g
- 二砂糖 70g
- 雞蛋 25g
- 白巧克力豆 110g

作法

1 發酵奶油退冰至約 20°C 左右，放入鋼盆中用刮刀壓軟。

2 加入二砂糖、細砂糖、鹽之花。

3 以刮刀拌至鹽之花融化，二砂糖與細砂糖均勻分布於奶油中。

4 把雞蛋均勻打散，倒入鋼盆中。

5　拌匀至雞蛋與奶油乳化均勻。

6　下覆盆子粉、草莓粉，以刮刀拌至無粉粒且顏色釋出。

7　鋼盆架上篩網，倒入低筋麵粉、小蘇打粉過篩。

8　以刮刀拌勻至看不見粉粒的狀態。

9　下白巧克力豆。

10　拌勻至白巧克力豆均勻分布於材料中即可。

11 不沾烤盤間距相等放上圓模與 35 ~ 40g 麵團，送入預熱好的烤箱，設定上下火 180° C，烘烤 5 分鐘。

12 如果希望它扁一點點，烘烤 5 分鐘後開爐用抹刀稍微按平，續烤 4 ~ 5 分鐘。

附錄！覆盆子果醬

如果覺得覆盆子風味不夠濃重，可以參考這個配方作法製作果醬，取適量與餅乾一同食用哦～

材料	公克
冷凍覆盆子	30
覆盆子果泥	70
NH 果膠粉	3
細砂糖	80
新鮮檸檬汁	10

作法

1 NH 果膠粉、細砂糖混合，因為果膠粉本身很細，直接丟進液態攪拌容易結塊，通常使用前會與細砂糖混勻。

莓果類本身的果膠含量比較少，適當添加一點點果膠粉可以增添果醬黏稠性。

2 冷凍覆盆子、覆盆子果泥加熱至 40° C 左右，加入混合後的細砂糖與 NH 果膠粉，中火煮至沸騰。

沒有果泥可以拿新鮮水果代替。或直接用市售的冷凍覆盆子。

3 關火，加入新鮮檸檬汁拌勻，加檸檬汁可以提升風味，主要用來增加不同層次的風味。

PRODUCT 39

原味巧克力脆圓餅

模具 無

數量 10克（19片）

材料		公克
A	發酵奶油	77
	糖粉	45
B	蜂蜜	5
C	低筋麵粉	88

準備裝飾用適量巧克力。
裝飾可依個人喜好選擇，此處會示範撒鹽之花。

作法

1 發酵奶油退冰至約 20°C 左右，用刮刀壓軟，加入過篩糖粉。

2 以手持攪拌器中速打發至呈乳白色，奶油有毛茸茸的質地。

3 下蜂蜜，手持攪拌器中速拌勻。

4 下過篩好的低筋麵粉。

5 刮刀拌勻至無粉粒。

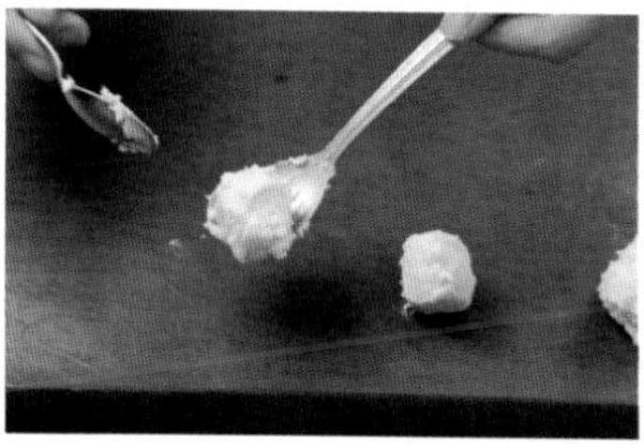

6 因為用手捉取會黏手，先用一支湯匙挖取約 10g 左右的麵糊。

7 另一支湯匙輔助塑型，放上烤盤布。送入預熱好的烤箱，設定上下火 170° C，烘烤 10 分鐘。

8 開爐把烤盤調頭，再烤 9 分鐘。出爐放涼，沾適量融化巧克力，放在涼架上。

9 趁巧克力未完全凝固前撒適量鹽之花，定型即完成~

PRODUCT 40

元長鄉黑金剛花生餅乾

模具　六吋塔模（直徑16.5公分）

數量　1片

材料

		公克			公克
A	無鹽奶油	30	C	低筋麵粉	60
	二砂糖	50		杏仁粉	10
B	雞蛋	10		熟花生碎	80

熟花生粒需一顆一顆去膜，再略為敲碎。

裝飾可另外準備二砂糖使用。

作法

1 無鹽奶油退冰至約 20°C 左右，用刮刀壓軟。

2 加入二砂糖，拌均至糖顆粒均勻散佈於奶油中（不融化）。

3 把雞蛋均勻打散，倒入鋼盆中，拌勻至雞蛋與奶油乳化均勻。

4 下過篩低筋麵粉、過篩杏仁粉、熟花生碎。

5 刮刀拌勻至看不見粉粒，熟花生碎均勻散布於食材中。

6 烤盤鋪上矽膠孔洞烤焙墊，放上六吋塔模，倒入作法 5 以湯匙壓平。

7 表面撒一層二砂糖，烘烤後會形成漂亮的硬殼。

8 表面用叉子均勻戳洞，幫助麵團排氣，讓麵團不會膨脹得太厲害。

9 送入預熱好的烤箱，設定上下火 160° C，烘烤 25 ~ 30 分鐘。出爐後戴上手套趁熱脫模。

PRODUCT 41

義式脆餅

模具 無

數量 一盤

材料	公克		公克
發酵奶油	53	杏仁粉	10
糖粉	80	榛果	20
鹽之花	1	開心果碎	10
雞蛋	55	酸櫻桃	10
低筋麵粉	140	可可碎	10
泡打粉	1	蔓越莓乾	70
玉米粉	20		

作法

1 發酵奶油退冰至約 20°C 左右，用刮刀壓軟。

2 加入糖粉、鹽之花。

3 以刮刀拌勻，攪拌到糖顆粒溶解看不到粉類。

4 把雞蛋均勻打散，分三次下全蛋液，先下第一次。

5 拌勻至全蛋與奶油乳化均勻，再下第二次。

6 依據上述作法拌勻，再下第三次。

7 拌勻至配方所有的全蛋皆與奶油乳化均勻。

8 鋼盆架上篩網，倒入低筋麵粉、泡打粉、玉米粉、杏仁粉過篩。

9 用刮刀切拌均勻，拌至看不見粉粒。

10 下榛果、開心果碎、酸櫻桃、可可碎、蔓越莓乾。

11 拌至材料均勻分布於奶油中。

12 用保鮮膜把麵團妥善包起，放在烤盤上冷藏 4 小時。

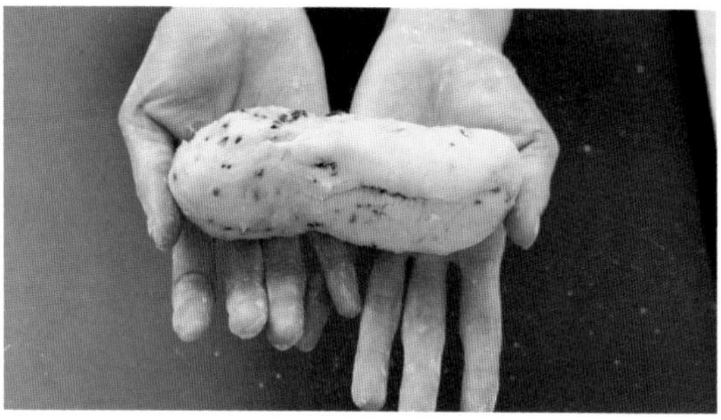

13 凍硬後分成兩份，隨意地搓成長條（長度隨意，因為烘烤後都會攤開）。

14 間距相等放在不沾烤盤上。

15 送入預熱好的烤箱，設定上下火 170° C，烘烤 25 ~ 30 分鐘。

16 戴上手套出爐，把半熟麵團切成厚片狀，放在矽膠孔洞烤焙墊上，再次送入爐中烘烤。

17 設定上下火 150° C，烘烤 10 ~ 15 分鐘。

Topics 6
冰切餅乾

PRODUCT 42

奶油鑽石餅乾

模具 無

數量 一盤

● 材料 A ● 材料 B ● 材料 C

作法

1 預先將材料 A 粉類分別過篩（除了鹽之花），倒入鋼盆中，加入鹽之花。

2 粉類製作前可以都放到冷凍庫（材料溫度約 4°C）。用打蛋器混合均勻。

3 下 4°C 材料 B 奶油丁。沙布列作法的材料都是冷的，避免手溫過高製作失敗。

4 所有材料的溫度材料大約是 4°C 左右。

5 用手搓到看不到大塊的奶油丁。

6 這個作法要盡可能讓奶油細膩地包覆粉類，整體呈現細小的砂礫狀。如果室溫太熱、手太熱奶油會全部黏在手上。

7 取冷藏後的材料 C 雞蛋（約 4°C）打散成全蛋液，加入鋼盆中。

8 用軟刮板輔助拌合，用刮板的優點是手不會太常接觸到材料，食材升溫比較慢。

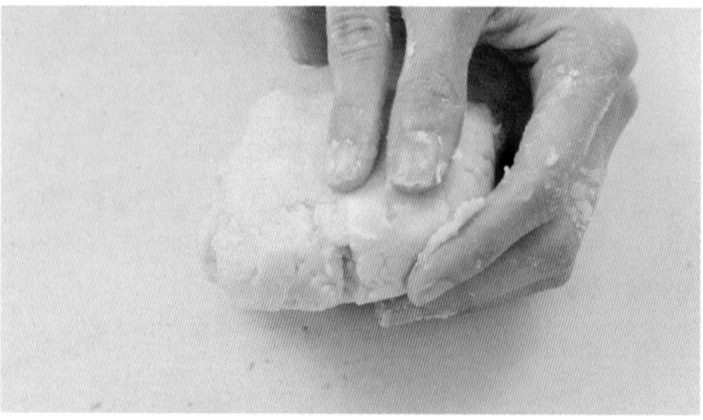

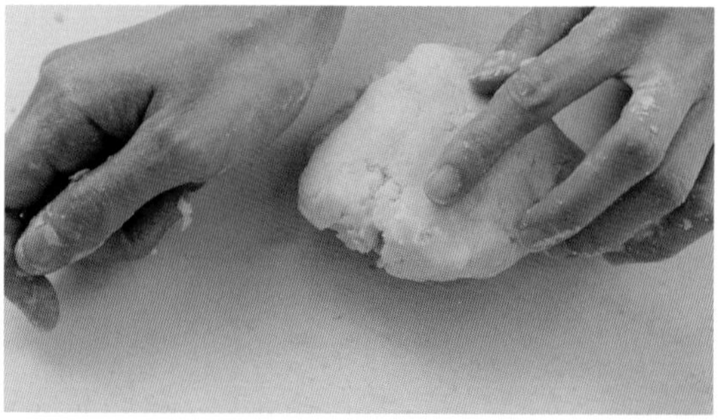

9 麵團放到桌面，這邊可以看到「奶油塊」，接下來的步驟要把奶油塊都揉散。

10 用手掌下緣的位置，來回前推、推展數次，把奶油塊推開。

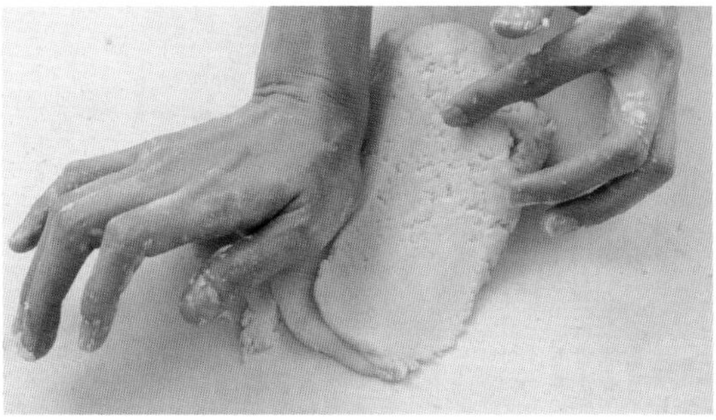

11 推展到看不見明顯的奶油塊。

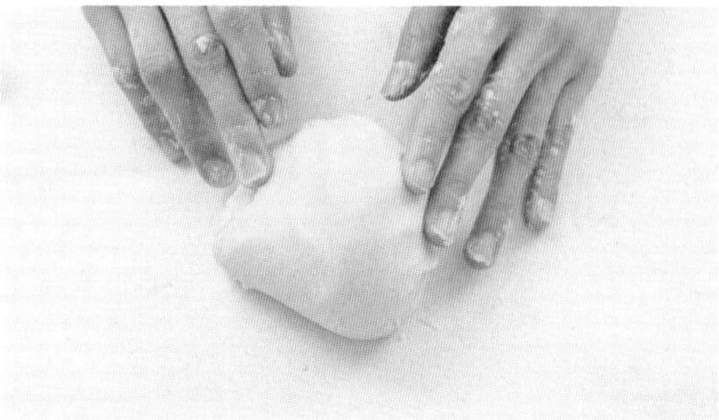

12 搭配硬刮板把麵團整形成團狀。

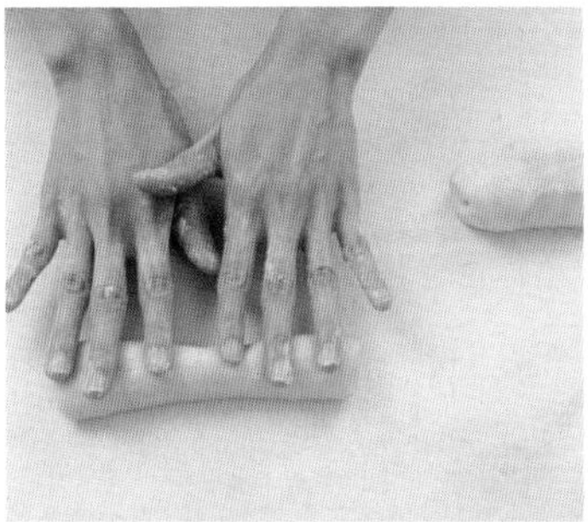

13 用硬刮板輔助搓成長條圓柱狀。

14 圓柱體直徑約 2.5 公分，長度與硬刮板一致。

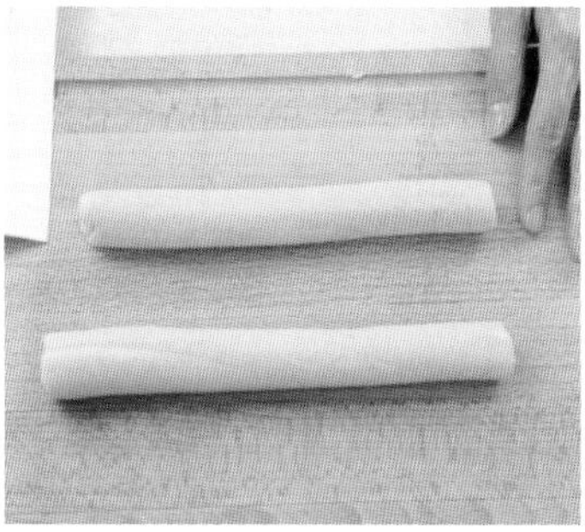

15 用保鮮膜包覆捲起，送入冷凍至少 4 小時。

16 冷凍凍硬後，整條塗抹蛋白。

17 整條均匀沾裹細砂糖。

18 每片切 1.2 公分寬度。烤盤鋪矽膠孔洞烤焙墊，間距相等擺上餅乾。

19 送入預熱好的烤箱，設定上下火 160° C，烘烤 15 ~ 20 分鐘。

PRODUCT 43

抹茶珍珠鑽石餅乾

模具 無

數量 一盤

材料		公克			公克	裝飾	公克
A	低筋麵粉	100	B	無鹽奶油	60	蛋白	適量
	糖粉	35	C	雞蛋	15	珍珠糖粒	適量
	鹽之花	1					
	杏仁粉	7					
	抹茶茶粉	6					

作法

1 預先將材料 A 粉類分別過篩（除了鹽之花），倒入鋼盆中，加入鹽之花。

2 粉類製作前可以都放到冷凍庫（材料溫度約 4°C）。用打蛋器混合均勻。

3 下 4°C 材料 B 奶油丁。沙布列作法的材料都是冷的，避免手溫過高製作失敗。

4 所有材料的溫度材料大約是 4°C 左右。

5 用手搓到看不到大塊的奶油丁。

6 這個作法要盡可能讓奶油細膩地包覆粉類，整體呈現細小的砂礫狀。如果室溫太熱、手太熱奶油會全部黏在手上。

7 取冷藏後的材料 C 雞蛋（約 4°C）打散成全蛋液，加入鋼盆中。

8 用軟刮板輔助拌合，用刮板的優點是手不會太常接觸到材料，食材升溫比較慢。

9 麵團放到桌面，這邊可以看到「奶油塊」，接下來的步驟要把奶油塊都揉散。

10 用手掌下緣的位置，來回前推、推展數次，把奶油塊推開。

11 推展到看不見明顯的奶油塊。

12 搭配硬刮板把麵團整形成團狀。

13 用硬刮板輔助搓成長條圓柱狀。

14 圓柱體直徑約 2.5 公分，長度與硬刮板一致。

15 用保鮮膜包覆捲起，送入冷凍至少 4 小時。

以上可參考 P.139 ~ 141「No.42 奶油鑽石餅乾」圖文作法。

16 冷凍凍硬後，整條塗抹蛋白。（圖 1）

17 整條均勻沾裹珍珠糖粒，指腹稍微把珍珠糖粒壓進麵團。（圖 2）

18 每片切 1.2 公分寬度。烤盤鋪矽膠孔洞烤焙墊，間距相等擺上餅乾。（圖 3 ~ 4）

19 送入預熱好的烤箱，設定上下火 160° C，烘烤 15 ~ 20 分鐘。（圖 5）

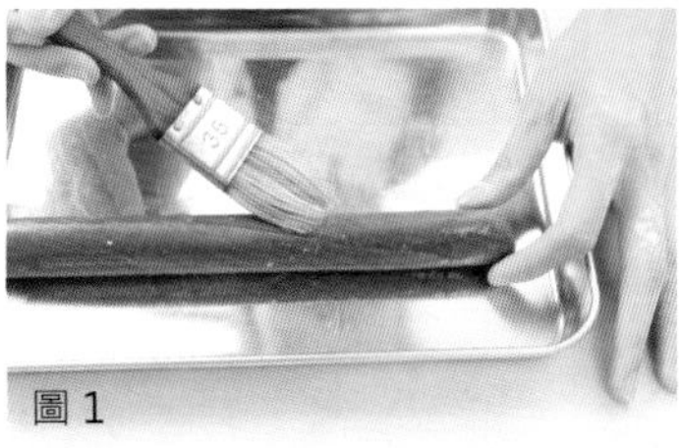
圖 1

圖 2

圖 3

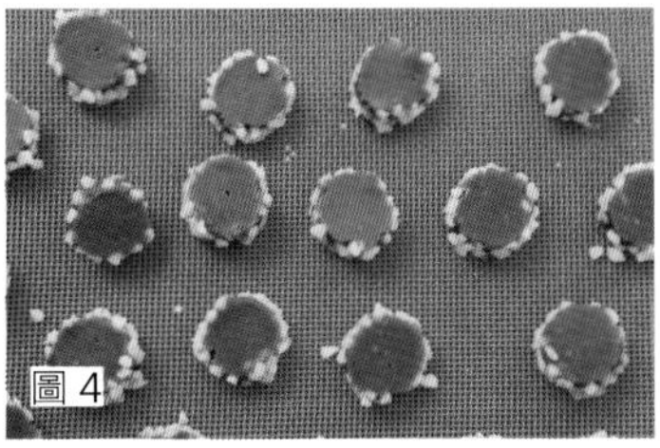
圖 4

圖 5

PRODUCT 44

巧克力杏仁角鑽石餅乾

模具 無

數量 一盤

材料		公克			公克	裝飾	公克
A	低筋麵粉	100	B	發酵奶油	55	蛋白	適量
	糖粉	35	C	雞蛋	9	生杏仁角	適量
	鹽之花	1	D	糖漬橘皮丁	30		
	可可粉	7					

作法

1 預先將材料 A 粉類分別過篩（除了鹽之花），倒入鋼盆中，加入鹽之花。

2 粉類製作前可以都放到冷凍庫（材料溫度約 4˚C）。用打蛋器混合均勻。

3 下 4˚C 材料 B 奶油丁。沙布列作法的材料都是冷的，避免手溫過高製作失敗。

4 所有材料的溫度材料大約是 4˚C 左右。

5 用手搓到看不到大塊的奶油丁。

6 這個作法要盡可能讓奶油細膩地包覆粉類，整體呈現細小的砂礫狀。如果室溫太熱、手太熱奶油會全部黏在手上。

7 取冷藏後的材料 C 雞蛋（約 4˚C）打散成全蛋液，加入鋼盆中。

8 用軟刮板輔助拌合，用刮板的優點是手不會太常接觸到材料，食材升溫比較慢。

9 加入材料 D 口感食材拌勻，拌勻至材料均勻散布於麵團內。

10 麵團放到桌面，這邊可以看到「奶油塊」，接下來的步驟要把奶油塊都揉散。

11 用手掌下緣的位置，來回前推、推展數次，把奶油塊推開，推展到看不見明顯的奶油塊。

12 搭配硬刮板把麵團整形成團狀，用硬刮板輔助搓成長條圓柱狀。

13 圓柱體直徑約 2.5 公分，長度與硬刮板一致。

14 用保鮮膜包覆捲起，送入冷凍至少 4 小時。

以上可參考 P.139 ~ 141「No.42 奶油鑽石餅乾」圖文作法。

15 冷凍凍硬後，整條塗抹蛋白。（圖 1）

16 整條均勻沾裹生杏仁角，指腹稍微把生杏仁角壓進麵團。（圖 2）

17 每片切 1.2 公分寬度。烤盤鋪矽膠孔洞烤焙墊，間距相等擺上餅乾。（圖 3 ~ 4）

18 送入預熱好的烤箱，設定上下火 160° C，烘烤 15 ~ 20 分鐘。（圖 5）

圖 1

圖 2

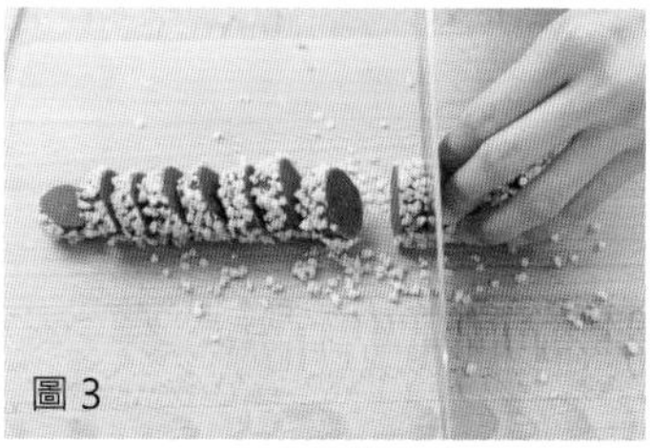
圖 3

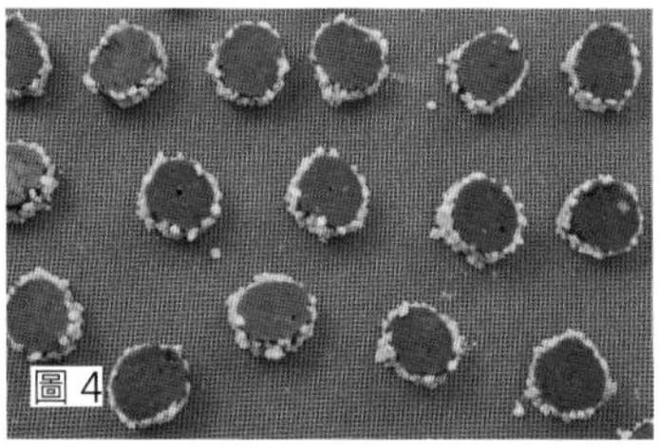
圖 4

圖 5

PRODUCT 45

雙色鐵觀音餅乾

模具　無

數量　一盤

奶油鑽石餅乾麵團		公克
A	低筋麵粉	102
	糖粉	35
	杏仁粉	10
	鹽之花	1
B	發酵奶油	60
C	雞蛋	15

使用適量蛋白將麵團黏合組裝。

鐵觀音鑽石餅乾麵團		公克
A	低筋麵粉	95
	糖粉	35
	鹽之花	1
	杏仁粉	10
	鐵觀音茶粉	10
B	發酵奶油	60
C	雞蛋	18
D	杏仁片	20

作法

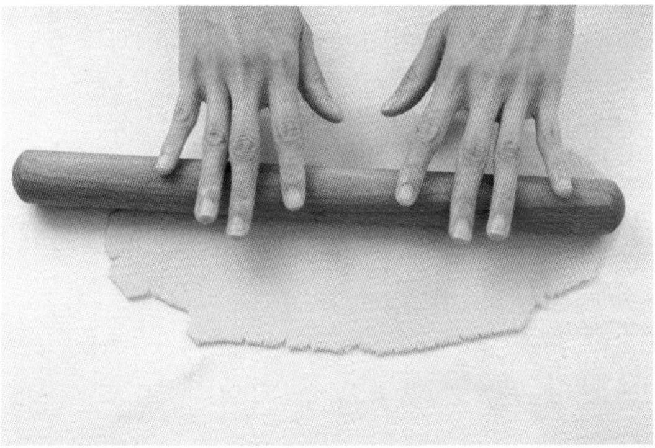

1 「奶油麵團」參考 P.139 ~ 141 完成至作法 12，擀成 3 ~ 4 毫米厚。「鐵觀音麵團」參考 P.145 完成至作法 11，擀成 1 公分厚；分別放入塑膠袋中冷凍。

2 凍硬後兩個口味分別裁切長 10.5× 寬 6 公分（奶油麵團準備三片；鐵觀音麵團準備兩片）。取下塑膠袋，以奶油麵團鋪底，表面刷適量蛋白。

3 校正位置，輕輕放上鐵觀音麵團。

4 表面刷適量蛋白。

5 放上奶油麵團，表面刷適量蛋白。

6 放上鐵觀音麵團，表面刷適量蛋白。

7 放上奶油麵團。

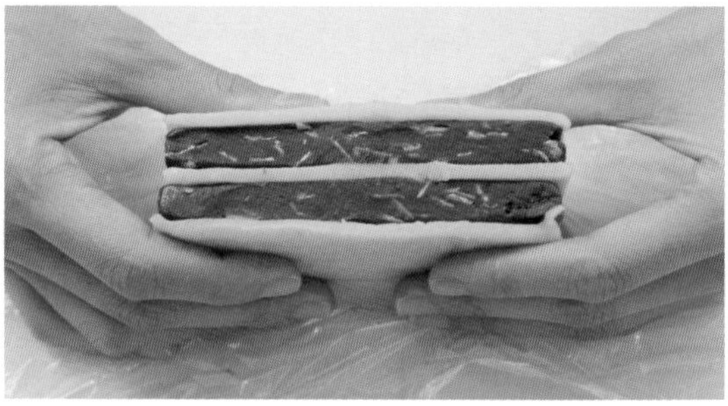

8 接合時都要抹蛋白，抹蛋白可以幫助黏合，不抹有時候會掉落。

9 耗損的麵團可再做一個造型。奶油麵團製成長 15× 寬 12 公分長方片；鐵觀音麵團製成圓柱狀，長 14× 直徑 2 公分。

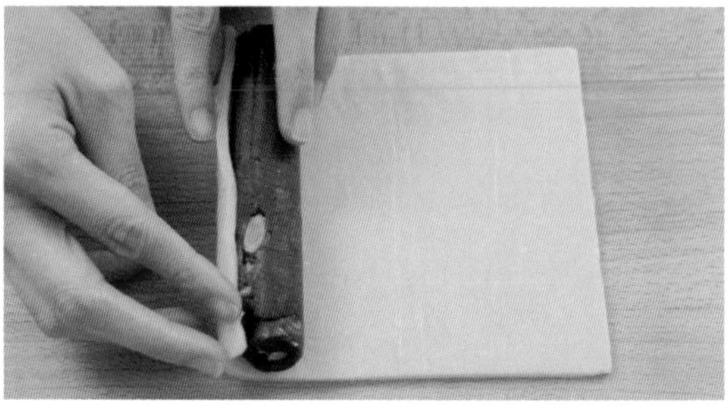

10 取奶油麵團鋪底，表面刷適量蛋白，放上圓柱狀的鐵觀音麵團。

11 取一側捲起，麵團接口側微微壓薄。

12 接合處切斷（多餘的奶油麵團可以裁切烘烤。

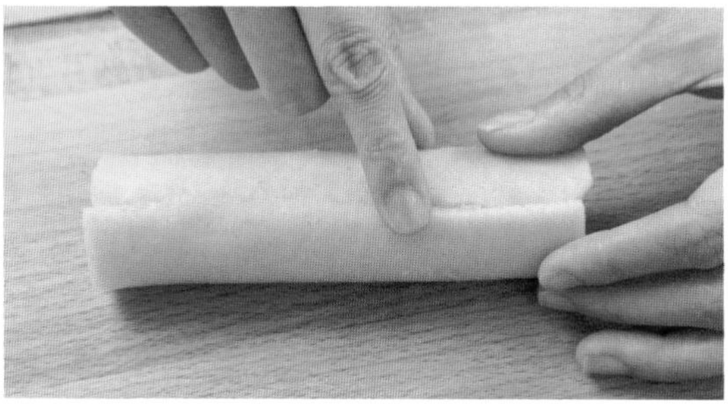

13 收口接合處用指尖稍微捏勻。

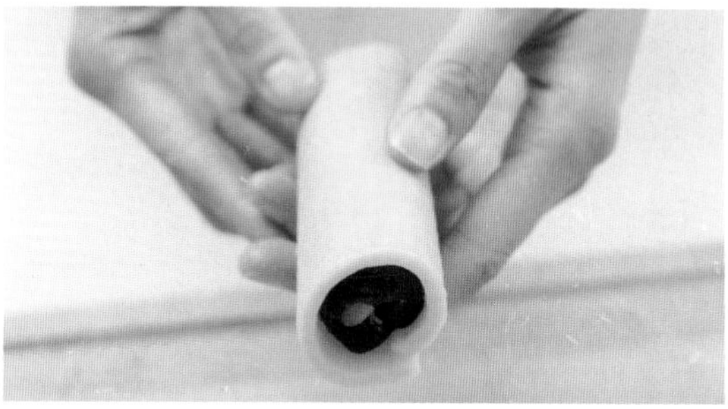

14 滾一滾讓其平整，完成如上圖。

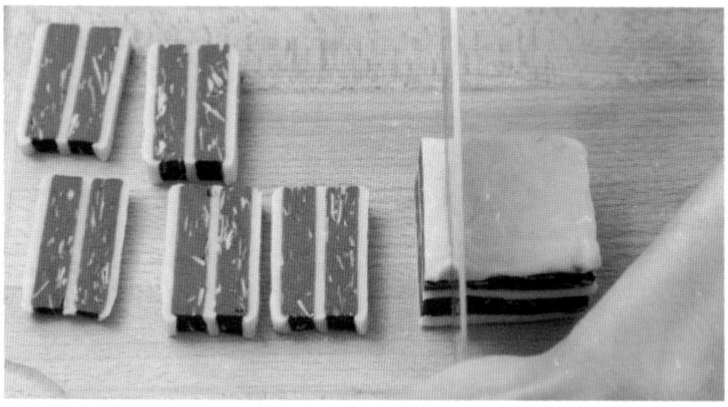

15 兩款造型用袋子妥善包覆，冷凍凍硬。方片造型凍硬後取出，切 1 公分厚度，切成片後可把一部分再切半（變較窄）。

16 圓柱造型凍硬後取出，切 1 公分厚度。

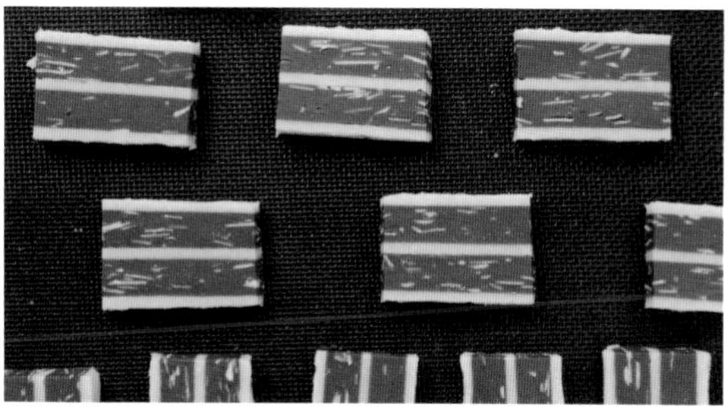

17 烤盤鋪矽膠孔洞烤焙墊，間距相等擺上餅乾，送入預熱好的烤箱，設定上下火 160° C，烘烤 15 ~ 20 分鐘。

PRODUCT 46

覆盆子方塊酥

模具 無

數量 一盤

材料

材料		公克
A	低筋麵粉	70
	覆盆子粉	4
	草莓粉	3.5
	鹽之花	0.2
	糖粉	20
B	發酵奶油	45
	奶油乳酪	6

裝飾

防潮糖粉	55
覆盆子粉	7

作法

1 預先將材料A粉類分別過篩（鹽之花不用過篩），全部倒入鋼盆中。

2 粉類製作前可都放到冷凍庫（材料溫度約4℃）。用打蛋器混合均勻。

3 下4℃材料B（切丁）。沙布列作法的材料都是冷的，避免手溫過高製作失敗。

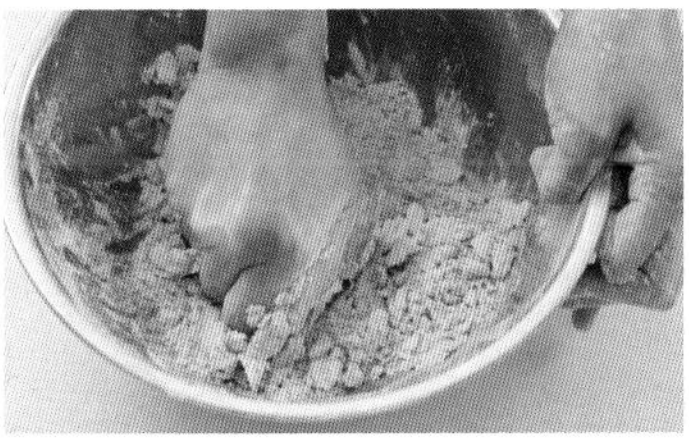

4 用手搓到看不到大塊的奶油丁。

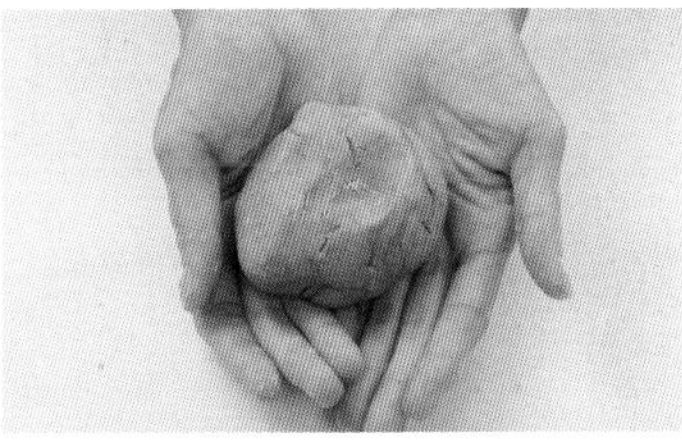

5 讓奶油細膩地包覆粉類，整體呈現細小的砂礫狀。

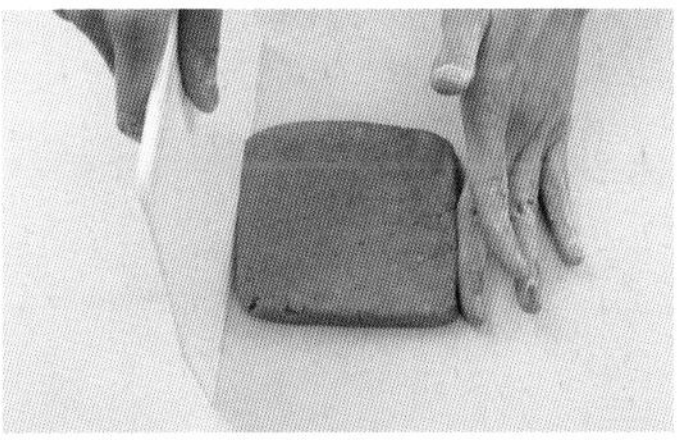

6 硬刮板輔助整形成長寬10×厚1.5公分正方形片。

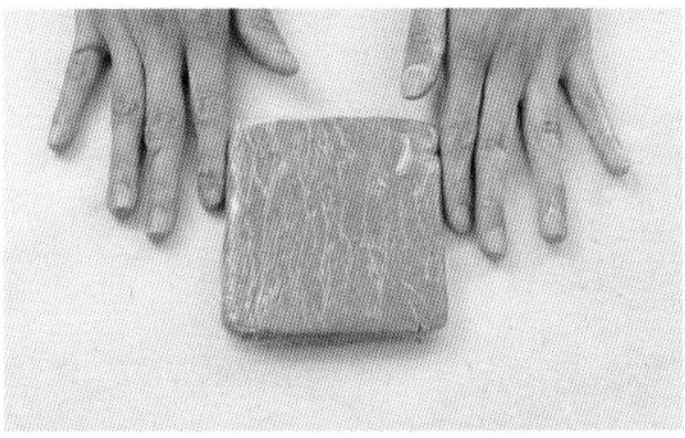

7 用保鮮膜包起覆蓋，送入冰箱冷凍4小時。

8 凍硬後切長寬2公分丁，間距相等放上矽膠孔洞烤焙墊。

9 送入預熱好的烤箱，設定上下火160° C，烘烤15 ~ 20分鐘。

出爐放涼，裹上混勻的裝飾材料即可。

PRODUCT 47

清爽肉桂餅乾

模具　無

數量　一盤

材料		公克			公克
A	低筋麵粉	115	B	奶油乳酪	40
	糖粉	45	C	動物性鮮奶油	30ml
	杏仁粉	10		植物油	20ml
	肉桂粉	3	D	二砂糖	適量
	海鹽	1		生杏仁片	適量
	泡打粉	1			

配方中的植物油可以使用任意的風味油如橄欖油、玄米油、柚子油。

作法

1 材料 A 加入食物調理機中，粉類與調味料打 2 ~ 5 秒打匀。

2 下材料 B 奶油乳酪打 2 ~ 5 秒打匀。

3 下材料 C 液體油打 2 ~ 5 秒打匀。

4 倒出來用手混合壓成塊狀。

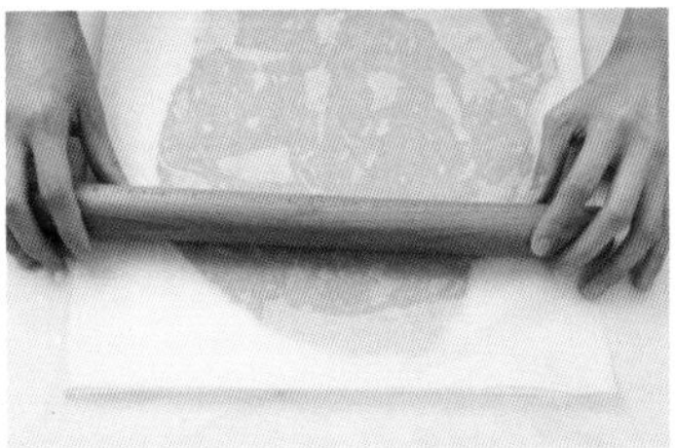

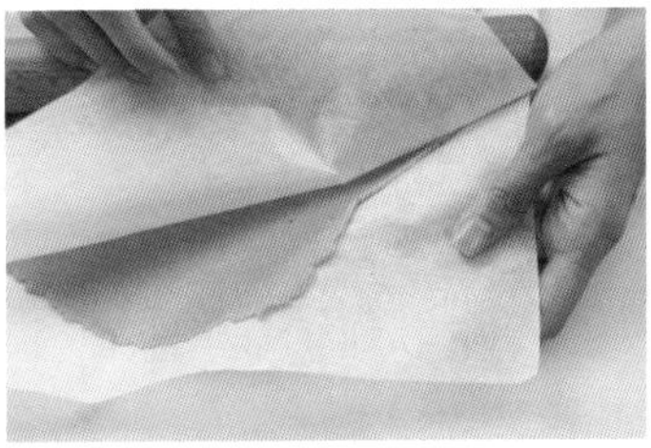

5 放上烤焙紙蓋起，用擀麵棍擀壓至厚度 2 ~ 3 毫米，冷凍 4 小時。

6 凍硬後掀開烤焙紙，撒適量二砂糖。

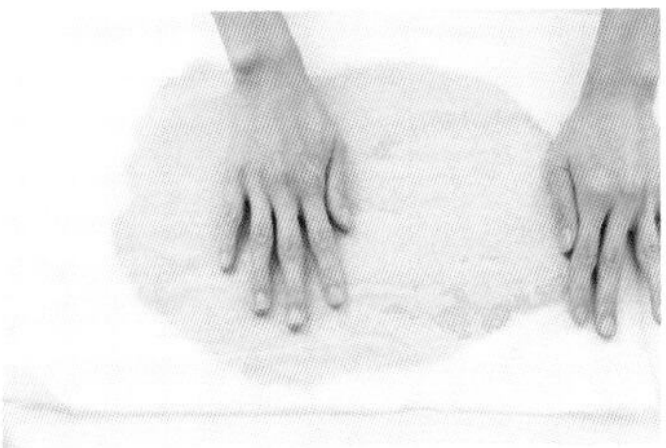

7 再次蓋上烤焙紙，用手掌輕輕把糖壓進麵團中。

8 掀開烤焙紙，撒適量生杏仁片。

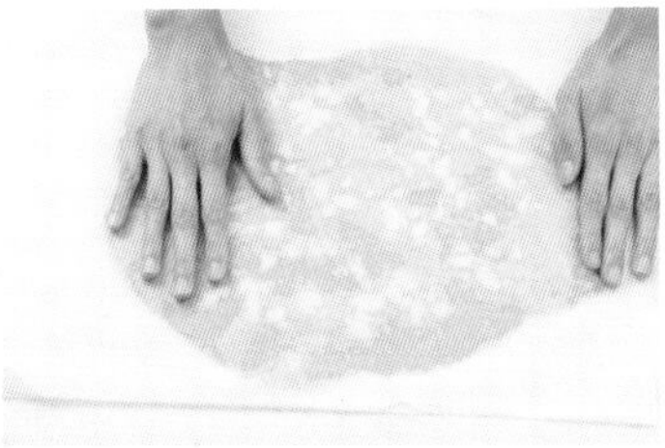

9 再次蓋上烤焙紙，用手掌輕輕把生杏仁片壓進麵團中。

10 切長 6× 寬 2 公分片，間距相等排上不沾烤盤。

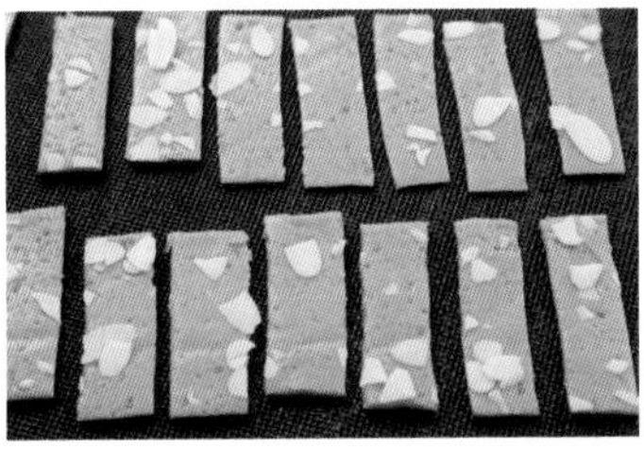

11 送入預熱好的烤箱，設定上下火 160° C，烘烤 13 分鐘。

PRODUCT 48

帕瑪森胡椒餅

模具　無
數量　一盤

● 材料 A ● 材料 B ● 材料 C

作法

1 材料 A 加入食物調理機中，粉類與調味料打 2 ~ 5 秒打勻。

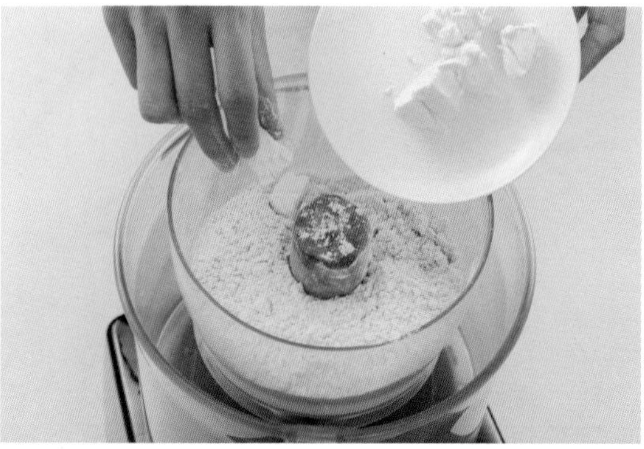

2　下材料 B 打 2 ~ 5 秒打勻。

所有材料製作前可以都放到冷凍庫冷藏降溫（材料溫度約 4°C）。沙布列作法的材料都是冷的，避免溫度過高製作失敗。

3　倒出來用手混合壓成塊狀，輕輕拍扁。

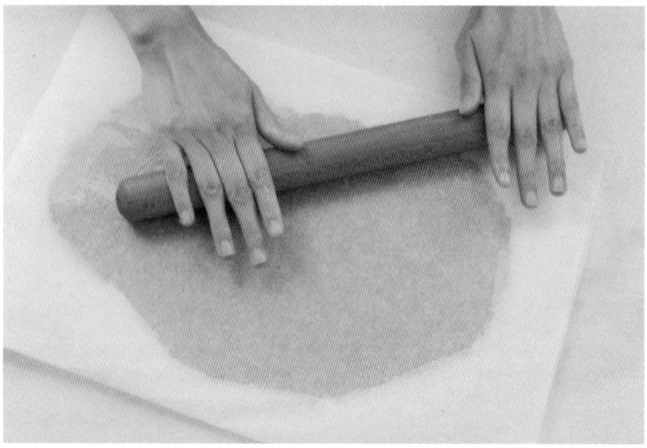

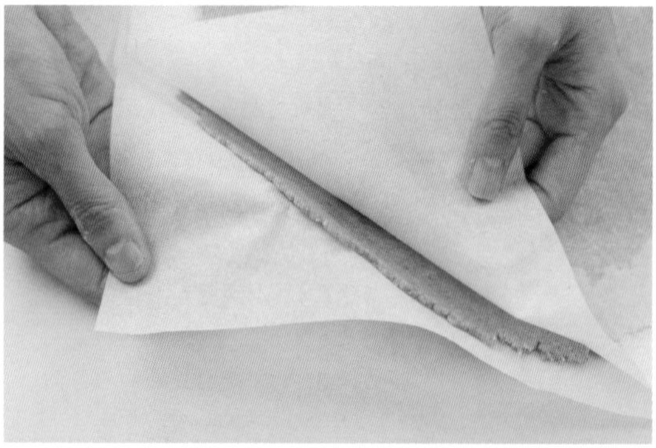

4　放上烤焙紙蓋起，用擀麵棍擀壓至厚度 2 ~ 3 毫米，冷凍 4 小時。

5 凍硬後掀開烤焙紙，撒適量二砂糖。

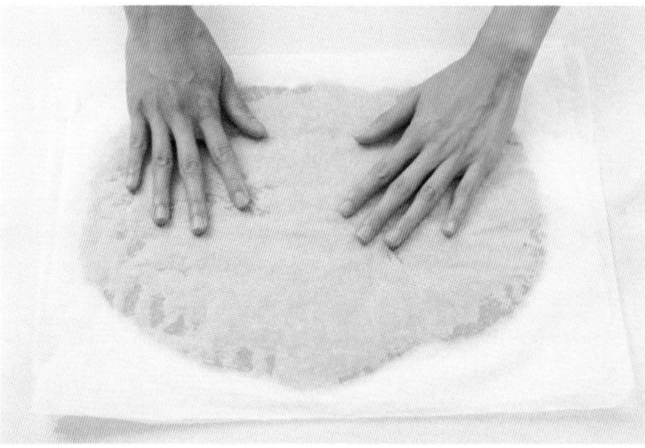

6 再次蓋上烤焙紙，用手掌輕輕把糖壓進麵團中。

7 掀開烤焙紙，撒黑橄欖圈，手指略為把黑橄欖圈壓進麵團裏。

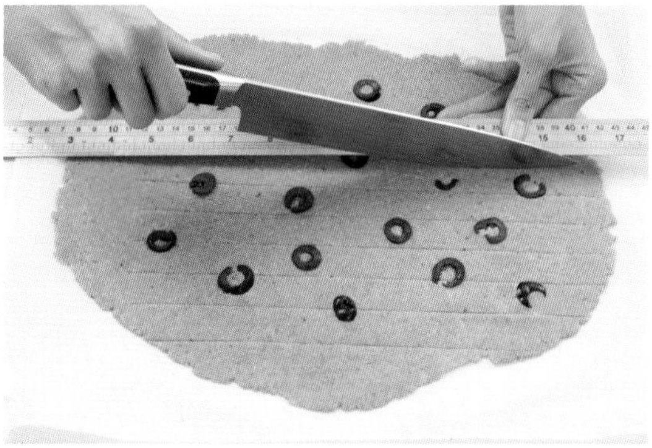

8 用尺對麵團做記號，切長 6× 寬 2 公分片。

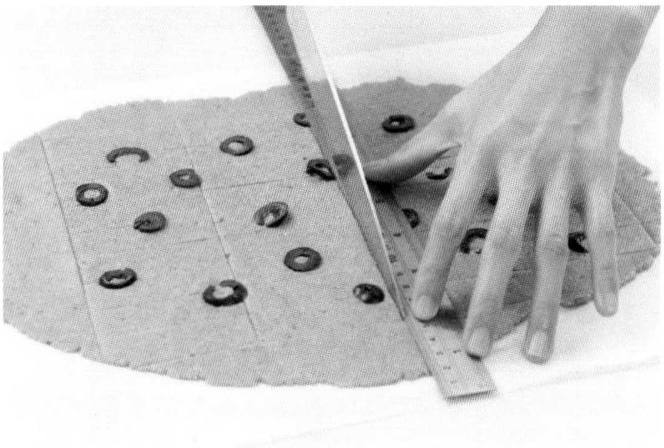

9 切成長條片後輕輕分離麵團，間距相等排上不沾烤盤。

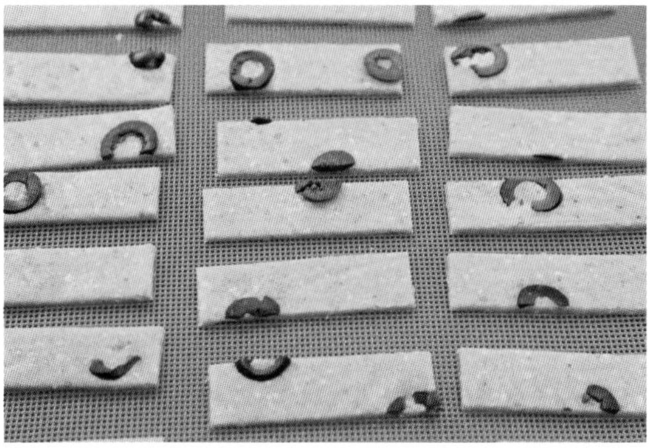

10 送入預熱好的烤箱，設定上下火 160° C，烘烤 15 分鐘。

PRODUCT 49

椰香雪條

模具 無

數量 一盤

● 材料 A ● 材料 B ● 材料 C

裝飾材料	
黑巧克力	適量
鹽之花	適量

作法

1 材料 A 加入鋼盆（粉類製作前可以都放到冷凍庫，冷凍到材料溫度約 4°C），用打蛋器混合均勻。

2 下 4℃ 材料 B（切丁），搭配軟刮板拌勻，搓到看不到明顯的奶油丁。沙布列作法的材料都是冷的，避免手溫過高製作失敗。

3 這個作法要盡可能讓奶油細膩地包覆粉類，整體呈現細小的砂礫狀。如果室溫太熱、手太熱奶油會全部黏在手上。

4 下材料 C 口感食材，拌勻至口感食材均勻散布於材料中。

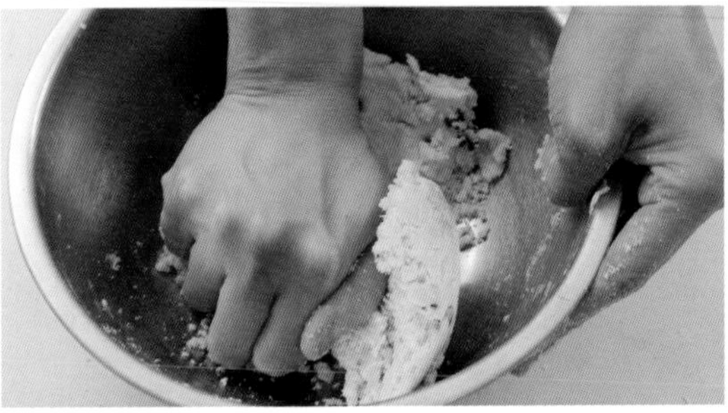

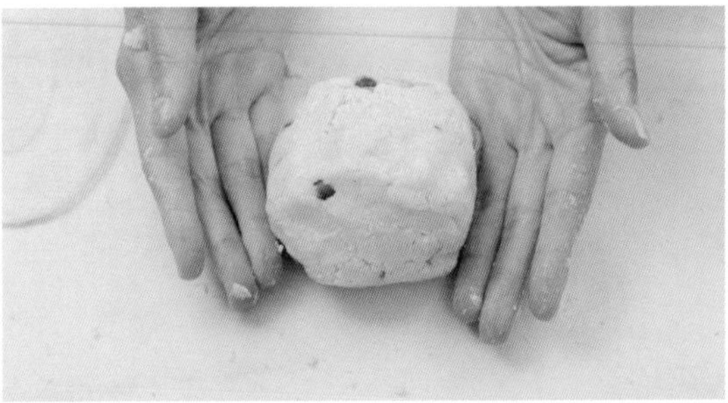

5 因為這個配方沒有雞蛋，材料黏合完全是靠奶油，可以用手用力將材料捏合使其均勻。

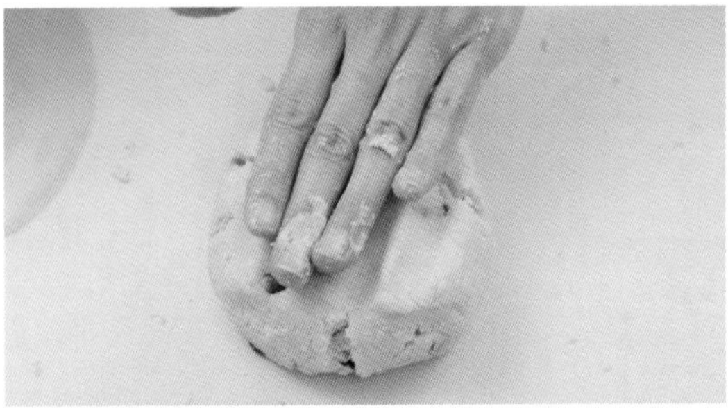

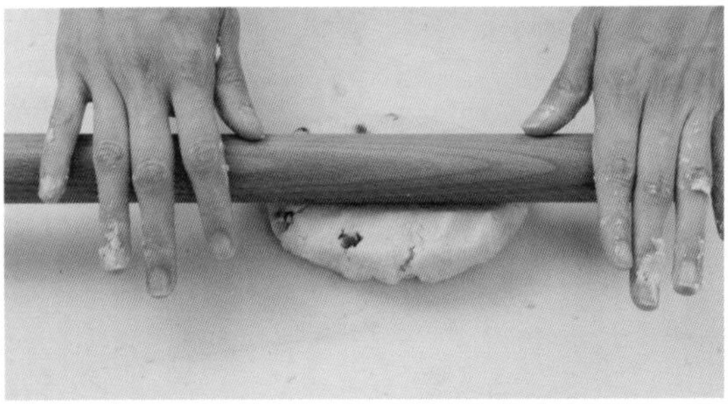

6 桌子鋪上保鮮膜，放上麵團。

7 擀成長 23× 寬 7.5× 厚 1 公分，用保鮮膜妥善包覆，送入冰箱冷凍 4 小時。

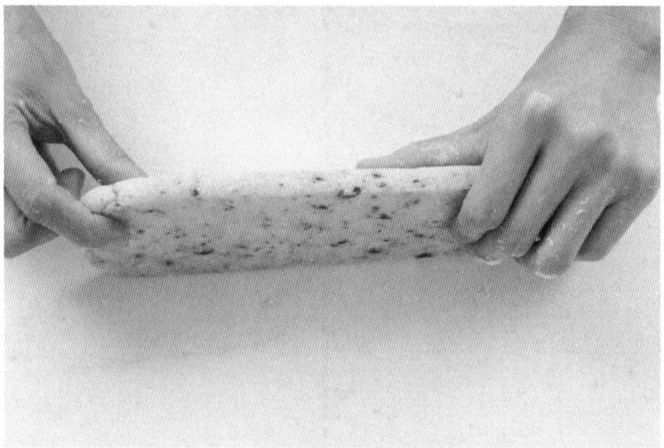

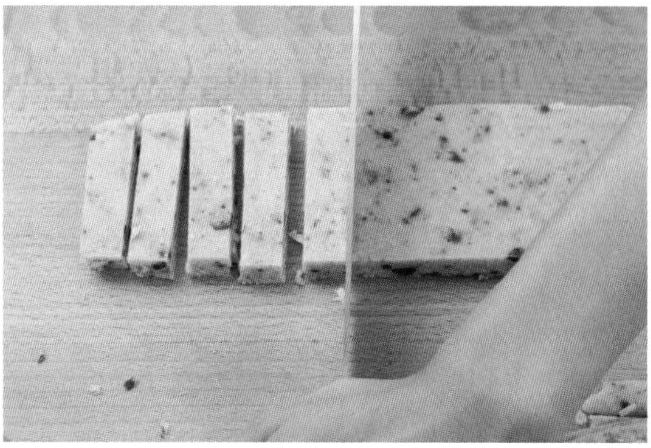

8 凍硬後取出，切長 8× 寬 1 公分的條狀。多餘的麵團揉成圓形。

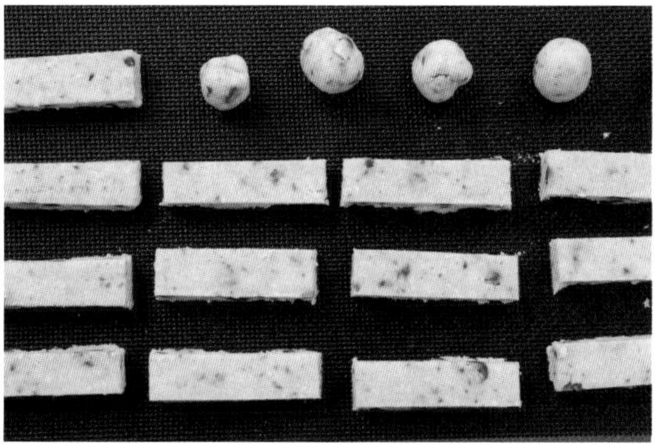

9 間距相等排上不沾烤盤。

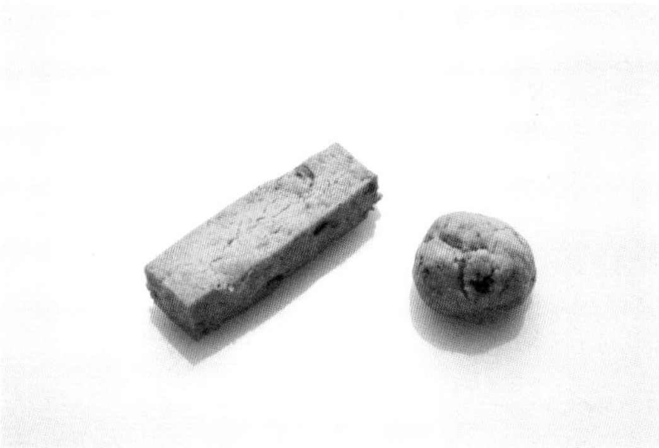

10 送入預熱好的烤箱，設定上下火 160° C，烘烤 15 ~ 20 分鐘。

11 黑巧克力隔水加熱融化，捏住餅乾一端傾斜著沾上巧克力。

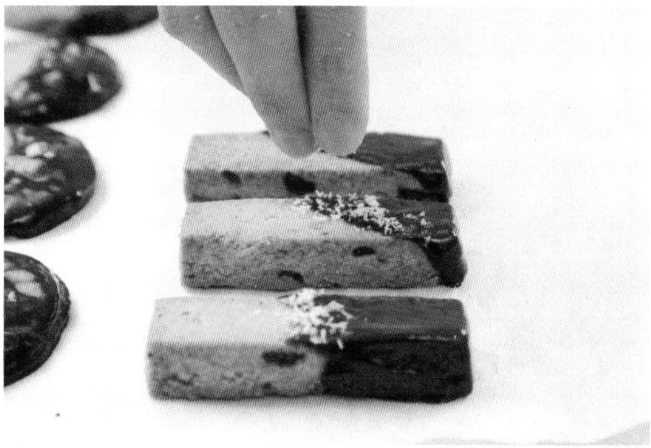

12 趁巧克力未完全凝固前撒適量鹽之花，定型即完成 ~

PRODUCT 50

巧克力甘納許酥餅

模具 無

數量 一盤

巧克力甘納許

材料	公克
動物性鮮奶油	120
63% 巧克力	90
發酵奶油	14

甘納許製作完成必須放置冷藏一晚，待巧克力重新結晶，隔天才能使用。使用前室溫軟化至可擠的程度即可。

作法

1 有柄厚底鋼鍋加入動物性鮮奶油。

2 中火加熱至沸騰約 100°C，關火。

3 沖入 63% 巧克力中，浸泡 1 ~ 2 分鐘左右。

煮甘納許要注意，一但沸騰就可以關火了，滾太久會把鮮奶油裡的水分蒸發太多，油水比例會不對。

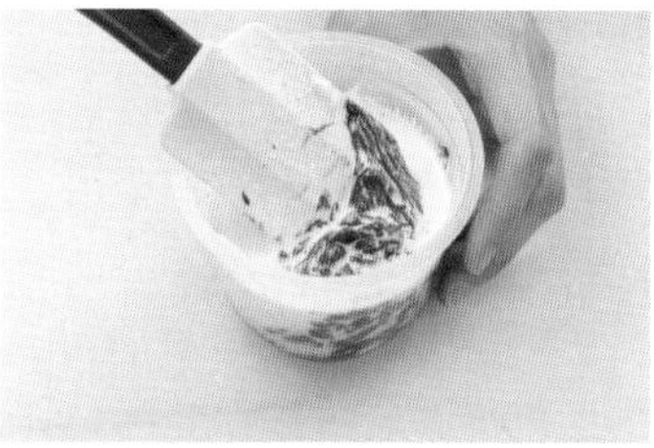

4 用刮刀約略拌勻。

5 使用均質機均質。

6 降溫至 40°C 左右。

7 下發酵奶油。

8 使用均質機均質。

9 完成~

沒有均質機直接用打蛋器攪拌是可以的，差異在使用均質機口感會比較細膩，均質機的刀片會把食材快速切割，分割至極為細小，液體跟脂肪可以充分乳化。使用均質機要挑選容器瘦、窄、小、高，避免把空氣均質進去。使用調理機也可以，但調理機比較容易把空氣打進去，有太多空氣會降低保存期限。

材料		公克			公克	蛋液	公克
A	發酵奶油	90	B	蛋黃	12	蛋黃	48
	糖粉	33	C	低筋麵粉	90	動物性鮮奶油	12
	鹽之花	1		可可粉	5		
				玉米粉	12		

作法

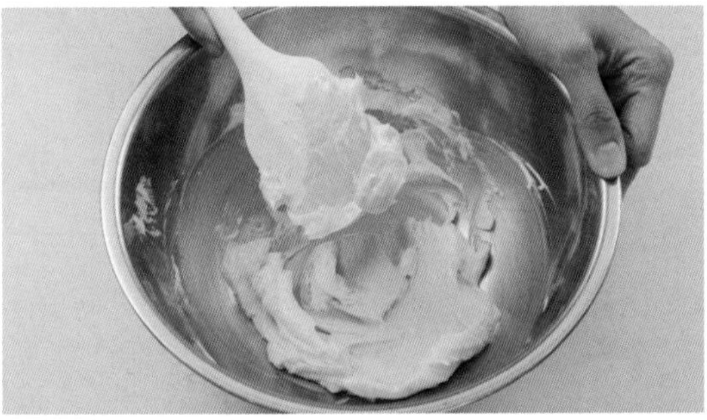

1 發酵奶油退冰至約 20°C 左右，放入鋼盆中用刮刀壓軟。

2 加入糖粉、鹽之花，刮刀壓拌均勻。

3 拌勻至看不見糖粉，糖融入奶油中。

4 把蛋黃均勻打散，倒入鋼盆中，拌勻至蛋黃與奶油乳化均勻。

5 下過篩低筋麵粉、過篩可可粉、過篩玉米粉，刮刀拌勻至看不見粉粒，粉均勻融入材料中。

6 桌面撒適量手粉防止沾黏，蓋上烤焙紙，用擀麵棍擀壓至 3 ~ 4 毫米，冷凍至變硬即可裁切。

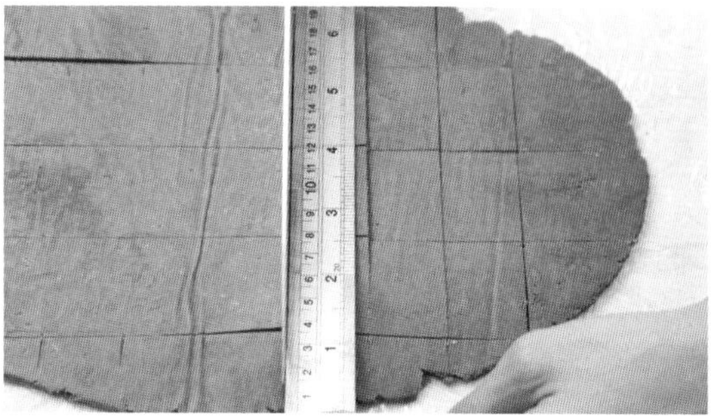

7 凍硬後輕輕掀開烤焙紙，切長 4× 寬 3 公分長方片。

8 烤盤鋪矽膠孔洞烤焙墊，間距相等放入餅乾片，刷上一層混勻的蛋液材料。

9 冷凍 15 分鐘，時間到刷第二次混勻的蛋液材料。

10 再用叉子劃出造型。

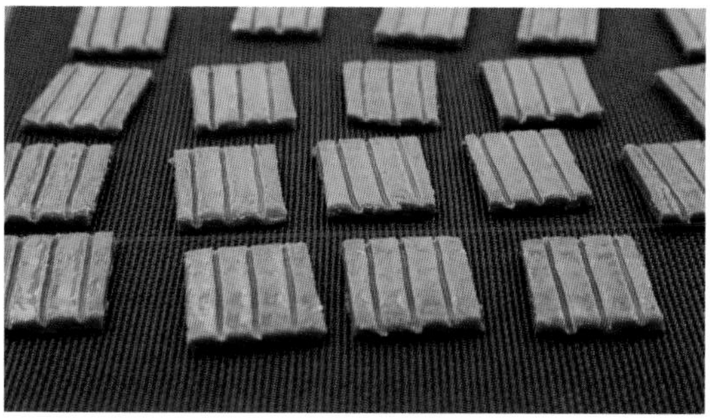

11 送入預熱好的烤箱，設定上下火 170° C，烘烤 10 分鐘。

12 餅乾確認完全冷卻後，中心擠適量巧克力甘納許。

13 取另一片餅乾闔起，完成。

MICHEL
CLUIZEL
CHOCOLATIER À DAMVILLE
DEPUIS 1948

all YU can bake
Eva Yu
KitchenAid

Baking 23

Cookies!
手作餅乾指南

國家圖書館出版品預行編目 (CIP) 資料

Cookies！手作餅乾指南 / 呂昇達, 游舒涵著. -- 一版. -- 新北市：優品文化事業有限公司, 2024.03 176 面；19x26 公分. -- (Baking ; 23)
ISBN 978-986-5481-55-1(平裝)

1.CST: 點心食譜

427.16　　113001376

作　　者　呂昇達、游舒涵 Eva
總 編 輯　薛永年
美術總監　馬慧琪
文字編輯　蔡欣容
攝　　影　蕭德洪
出 版 者　優品文化事業有限公司
電話：(02)8521-2523
傳真：(02)8521-6206
Email：8521service@gmail.com
（如有任何疑問請聯絡此信箱洽詢）
網站：www.8521book.com.tw
印　　刷　鴻嘉彩藝印刷股份有限公司
業務副總　林啟瑞 0988-558-575
總 經 銷　大和書報圖書股份有限公司
新北市新莊區五工五路 2 號
電話：(02)8990-2588
傳真：(02)2299-7900
網路書店　www.books.com.tw 博客來網路書店
版　　次　2024 年 3 月　一版一刷
2024 年 5 月　一版二刷
定　　價　550 元
I S B N　978-986-5481-55-1

特別感謝：
拍攝助理 江柔

- 2018 義大利 ALMA 廚藝學校甜點學程畢業，並實習於 Villa Cora 五星級飯店
- 2019 Chef's Club Taipei 西點領班
- 2021 JOU 室甜食 主理人
- 2023 Paul & Jou Osteria 甜點主廚

上優好書網　LINE 官方帳號　Facebook 粉絲專頁　YouTube 頻道

（黏貼處）

Cookies!
手作餅乾指南

讀者回函

♥ 為了以更好的面貌再次與您相遇，期盼您說出真實的想法，給我們寶貴意見 ♥

姓名：	性別：□ 男 □ 女	年齡： 歲
聯絡電話：（日） （夜）		
Email：		
通訊地址：□□□-□□		
學歷：□ 國中以下 □ 高中 □ 專科 □ 大學 □ 研究所 □ 研究所以上		
職稱：□ 學生 □ 家庭主婦 □ 職員 □ 中高階主管 □ 經營者 □ 其他：		

● 購買本書的原因是？

□ 興趣使然 □ 工作需求 □ 排版設計很棒 □ 主題吸引 □ 喜歡作者 □ 喜歡出版社
□ 活動折扣 □ 親友推薦 □ 送禮 □ 其他：________________

● 就食譜叢書來說，您喜歡什麼樣的主題呢？

□ 中餐烹調 □ 西餐烹調 □ 日韓料理 □ 異國料理 □ 中式點心 □ 西式點心 □ 麵包
□ 健康飲食 □ 甜點裝飾技巧 □ 冰品 □ 咖啡 □ 茶 □ 創業資訊 □ 其他：________

● 就食譜叢書來說，您比較在意什麼？

□ 健康趨勢 □ 好不好吃 □ 作法簡單 □ 取材方便 □ 原理解析 □ 其他：________

● 會吸引你購買食譜書的原因有？

□ 作者 □ 出版社 □ 實用性高 □ 口碑推薦 □ 排版設計精美 □ 其他：________

● 跟我們說說話吧～想說什麼都可以哦！

□□□-□□
寄件人 地址：

姓名：

廣	告	回	信
免	貼	郵	票
三重郵局登記證			
三重廣字第 0751 號			

平信

24253 新北市新莊區化成路 293 巷 32 號

上優文化事業有限公司　收
(優品)

Cookies!
手作餅乾指南

(請沿此虛線對折寄回)

優品文化事業有限公司
電話：(02)8521-2523
傳真：(02)8521-6206
信箱：8521service @ gmail.com

上優好書網　FB 粉絲專頁　YouTube 頻道

YAMASAKI Cooking